# SUSTENTABILIDAD

Patricia Aguirre Mejía (Editora)

## Vol. 1

Patricia Aguirre Mejía  (Ed.)

# Sustentabilidad

## Principios y Prácticas

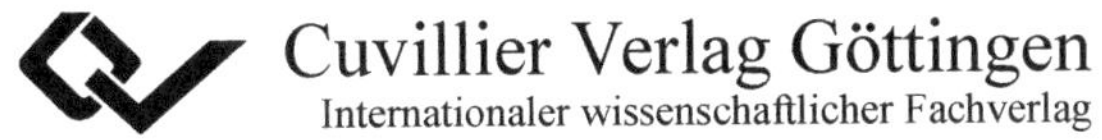

Cuvillier Verlag Göttingen
Internationaler wissenschaftlicher Fachverlag

**Sustentabilidad Principios y Prácticas**

**Editora**
Patricia Aguirre Mejía

**Autores:**
Antonio Elizalde Hevia, Marco Rieckmann, Sofía Castro, Larry Frolich, Patricia Aguirre, Leonith Hinojosa, Arturo Curiel, Eric Rendón, José Llanos, Benno Pokorny, Libertad Chavez

**Revisores**
Dr. (PhD) Ricardo Muñoz y Dr. (PhD) Diosey Ramón Lugo-Morin

**Revisión de texto y compaginación**
Alexandra Mena y Diego Chulde

---

**Bibliographical information held by the German National Library**
The German National Library has listed this book in the Deutsche Nationalbibliografie (German national bibliography); detailed bibliographic information is available online at http://dnb.d-nb.de.
1$^{st}$ edition - Göttingen: Cuvillier, 2015



ISBN 978-3-7369-9056-2
eISBN 978-3-7369-8056-3

# TABLA DE CONTENIDOS

# INTRODUCCIÓN

El desarrollo sustentable es un tema que nos compete a todos sin excepción, todos tenemos el deber de contribuir desde nuestros campos de acción con este objetivo que nos permita un Buen Vivir.

La Educación para un Desarrollo Sustentable es un objetivo del estado ecuatoriano, enunciado ya en la constitución vigente pero también como el objetivo central de la educación superior.

La Universidad Técnica del Norte con su constante preocupación por participar activamente en el desarrollo del País, está empeñada desde hace varios años en hacer de los principios del desarrollo sustentable, los principios mismos del que hacer universitario. En este contexto se han realizado y se siguen realizando eventos que abren espacios de discusión sobre el desarrollo sustentable en el ámbito educativo.

En las diferentes facultades se trabaja por apoyar este principio desde sus diferentes especialidades. En esta publicación se presentan las iniciativas que se han realizado desde el Instituto de Postgrado, las cuales han sido analizadas empíricamente y han sido publicadas como iniciativas positivas en la comunidad académica nacional e internacional.

Se presentan en total once artículos, en los que se hace referencia a análisis de los fundamentos y principios de la Sustentabilidad, así como también a proyectos y análisis de problemáticas relacionadas con el Desarrollo Sustentable, como por ejemplo: El cambio climático, La gobernanza de los recursos hídricos, La huella hídrica, El uso de la tierra en la Amazonia, el enfoque de género en el desarrollo, el urbanismo y todos estos artículos vistos con un enfoque de sustentabilidad.

Este libro es el primero de la "Serie Sustentabilidad" que busca contribuir con el debate sobre el Desarrollo Sustentable desde diversos puntos de vista y con la contribución como en el presente volumen de académicos de todo el mundo pero principalmente de América Latina.

Esperamos que disfruten de la lectura de los avances en cuanto a Desarrollo Sustentable que se lleva a cabo desde el Instituto de Postgrado y que esta publicación sea una contribución más para que en un futuro inmediato la investigación interdisciplinaria y transdisciplinaria sea una realidad en nuestra Universidad.

# ¿QUÉ DESARROLLO PUEDE LLAMARSE SOSTENIBLE EN EL SIGLO XXI? LA CUESTIÓN DE LOS LÍMITES Y LAS NECESIDADES HUMANAS

Antonio Elizalde Hevia

*"Lo que necesita el mundo, o mejor dicho, lo que precisa nuestra civilización, no es expansión ni crecimiento: es intensidad."* **Jorge Riechmann**

## Resumen

El artículo busca poner en discusión la presunta racionalidad de los defensores del modelo de acumulación vigente planteando la necesidad de un debate en el plano de las ideas. Se presentan las ideas de límites y de sostenibilidad, como ideas fuerza para confrontar el imaginario construido por la idea de la abundancia infinita. A continuación se intenta presentar el estado del arte del debate en torno al concepto de sustentabilidad: sus distintas lecturas y el conflicto político que hay detrás de ellas. Se presenta la distinción hecha por Naess entre ecología superficial y profunda, así como la identificación realizada por Riechmann de lo que él llama alternativas negacionistas frente al problema ambiental. Asimismo se presentan resumidamente algunas de las principales propuestas para enfrentar la crisis ambiental: el capitalismo verde, la desmaterialización, el decrecimiento, la biomimesis, el sumak kausay, la ética del consumo, el principio de abajamiento, concluyendo en la propuesta de la necesaria articulación entre la economía solidaria y el desarrollo sostenible buscando identificar cuáles deberían ser los elementos constitutivos esenciales de ambas propuestas. El artículo termina esbozando algunos de los principales valores hacia los cuales será necesario que transite nuestra actual cultura.

**Palabras claves:** límites, sostenibilidad, crecimiento, desarrollo, economía solidaria, desarrollo sostenible, consumo, buen vivir, valores.

## Introducción

Inicio mis reflexiones en torno a este tema a partir de la siguiente afirmación de Franz Hinkelammert (2008: 272):

> *"Esta ética habla en nombre de intereses y de lo útil, pero se contrapone precisamente por esta razón a la lógica de los intereses materiales calculados. Pero lo hace en nombre de una racionalidad que contesta a la irracionalidad de lo racionalizado por la racionalidad medio-fin... Lo hace al enfrentar la acción según intereses calculados con el hecho que hay un conjunto, en el cual esta acción parcial tiene que ser integrada constantemente. Como la acción parcial calculadora del individuo prescinde inevitablemente de la consideración del conjunto provocando las lógicas autodestructivas del sistema y de sus subsistemas, el sujeto recupera frente a estas consecuencias destructivas la consideración del conjunto."*

La hegemonía que todavía continúan ejerciendo en el imaginario de la humanidad los defensores del crecimiento capitalista se ancla en que se autoatribuyen negando a otros la condición de racionalidad. No obstante que carecen de ella en lo absoluto. En un mundo globalizado todo termina siendo global, antes o después, no hay espacio para acciones que no generen impacto absolutamente localizado. "Hombre soy y nada de lo humano puede resultarme ajeno" afirmaba Terencio hace dos milenios. Hoy podríamos parafrasear a Terencio sosteniendo que somos vida y nada de la vida y de lo vivo puede resultarnos ajeno.

Al hacer así no estaríamos siendo ni idealistas ni soñadores utópicos, ni hermanos o hermanas de la Caridad. Estaríamos única y exclusivamente actuando con la más absoluta racionalidad. Obviamente una racionalidad distinta de la del capital y del capitalismo, pero si la más profunda y necesaria racionalidad que nos requieren los enormes desafíos que hoy enfrentamos como especie. Se trata de operar, siguiendo la propuesta planteada por Hinkelammert, enfrentando las tendencias autodestructivas que se derivan de un cálculo totalizado de los intereses parciales.

> *"Este sujeto tiene un lugar real. Al saber que el respeto del conjunto es condición de su propia vida. No se 'sacrifica' por los otros, sino descubre, que solamente en el conjunto con los otros puede vivir. Por eso, no sacrifica a los otros tampoco. Es precisamente el individuo calculador, que, al totalizarse el cálculo de los intereses se sacrifica a sí mismo y a los otros. Por eso el ser humano como sujeto no es una instancia individual. La intersubjetividad es condición para que el ser humano llegue a ser sujeto. Se sabe en una red, que incluye la misma naturaleza externa al ser humano: que viva el otro, es condición de la propia vida" (Hinkelammert, 2008: 273).*

Un elemento fundamental de la sostenibilidad es su dimensión política. No hay sostenibilidad posible sin los respaldos políticos necesarios. Por tal razón me parece necesario explicitar los distintos intereses en juego en relación a la sostenibilidad, así como la perspectiva de los actores sociales cuyos intereses se confrontarán en función de la sostenibilidad y de los sujetos históricos que se constituirán al calor de los conflictos a que dichas confrontaciones darán lugar. Es posible en función de lo antes mencionado imaginar distintos escenarios potenciales.

Hago presente asimismo que comparto plenamente la convicción de Jorge Riechmann, quien sostiene que: *"sin una vigencia renovada de los valores ecosocialistas de cooperación y solidaridad no cabe pensar en una salida de la crisis ecosocial que hoy está arrasando el mundo" (Riechmann, 2008: 304).*

- **La necesaria lucha en el plano de las ideas**

La primera cuestión imprescindible de aclarar dice relación con lo sostenible. El concepto es una noción polisémica y ambigua, que permite asilarse bajo su amparo ideas absolutamente contrapuestas. De modo que lo primero necesario de hacer es esclarecer su sentido y otorgarle una radicalidad discursiva que evite su metaforización anticipada y extemporánea y que le haga posible no vaciarse prematuramente de su contenido transformador (inseminador) en el ámbito de las ideas.

A mi entender la sostenibilidad es heredera de la noción de límites y se confronta dialécticamente con la idea de crecimiento (y de desarrollo exosomático). Esta idea permite acotar la idea de crecimiento a aquello que es posible dada la naturaleza propia del fenómeno observado, su potencialidad, su vocación, sus cualidades. Esto es, todo aquello que está determinado por su código genético en el caso de los seres vivos y su código ético o político en el caso de las instituciones. Hay aquí un principio ontológico que la sostenibilidad trae consigo: "Nada puede crecer indefinidamente. Todo tiene límites." Ulrich Loening, Director del Centro de Ecología Humana de la Universidad de Edimburgo, sostiene que ningún sistema puede sobrevivir largo tiempo los efectos de retroalimentación positiva no opuesta; y que la retroalimentación negativa puede ser una dádiva positiva. Sin embargo, el problema es que como lo señala Immanuel Wallerstein:

> *"Hemos llegado a esta situación porque en este sistema los capitalistas han conseguido hacer ineficaz, la capacidad de otras fuerzas para imponer límites a la actividad de los capitalistas en nombre de valores diferentes al de la acumulación incesante de capita." (Wallerstein, 2008).*

El capitalismo ha logrado instalar en el imaginario de la humanidad, como lo afirma Alba Carosio la utopía de la abundancia infinita. La tarea necesaria de realizar para poder viabilizar políticamente la sostenibilidad es ¿cómo desinstalar esa utopía?. Lo cual obviamente no es una tarea fácil aunque todo el mundo estuviese de acuerdo, más difícil será aún lograrlo cuando hay importantes fuerzas y actores sociales cuyo propósito es que dicha utopía permanezca indemne (incólume).

### - ¿Cuáles son las fuerzas en pugna?

Morris Berman en su libro *El Reencantamiento del Mundo*, hace ya casi tres décadas, afirmaba que estamos enfrentados a un punto de cruce en la evolución de la conciencia occidental:

> *"Uno de los caminos retiene toda las suposiciones de la Revolución Industrial y nos llevaría hacia la salvación a través de la ciencia y la tecnología; en resumen, sostiene que el mismo paradigma que nos llevó a la encrucijada nos puede sacar de ella. Sus proponentes (que generalmente incluyen también a los estados socialistas modernos) visualizan una economía expansiva, mayor urbanización y homogeneidad cultural siguiendo el modelo occidental como algo bueno e inevitable. El otro camino nos conduce a un futuro que aún es un tanto oscuro. Sus simpatizantes son una masa amorfa de Luddites, ecólogos, separatistas regionales, economistas de estado estacionario, místicos ocultistas y románticos pastorales. Su objetivo es la preservación (o resucitación) de cosas tales como el ambiente natural, la cultura regional, formas arcaicas de pensamiento, estructuras comunitarias orgánicas y una autonomía política altamente centralizada. El primer camino conduce claramente a un callejón sin salida o al Mundo Feliz (The Brave New World). El segundo camino, por otro lado, frecuentemente aparece como un ingenuo intento de dar vuelta y regresar al lugar de donde vinimos; retornar a la seguridad de una época feudal ya desaparecida. Pero debe introducirse una distinción crucial aquí: el recapturar la realidad no es lo mismo que volver a ella" (Berman, 1987:192-193).*

Por su parte Immanuel Wallerstein, muy recientemente, en el artículo ya mencionado, sostiene que:

> *"La gravedad atribuida a este problema contemporáneo oscila entre la opinión de aquellos que creen inminente el día del juicio final y la de quienes consideran que puede estar cercana una solución técnica. Creo que la mayoría de las personas tienen una postura situada entre esas dos opiniones extremas"(Wallerstein, 2008).*

Wallerstein afirma además que:

> *"Los dilemas ambientales que encaramos hoy son resultado directo de la economía mundo capitalista. Mientras que todos los sistemas históricos anteriores transformaron la ecología, y algunos de ellos llegaron a destruir la posibilidad de mantener en áreas determinadas un equilibrio viable que asegurase la supervivencia del sistema histórico localmente existente, solamente el capitalismo*

*histórico ha llegado a ser una amenaza para la posibilidad de una existencia futura viable de la humanidad, por haber sido el primer sistema histórico que ha englobado toda la Tierra y que ha expandido la producción y la población más allá de todo lo previamente imaginable." (Ibidem).*

Me preocupa enormemente y tiendo a suscribir algo que afirma Carmelo Ruiz Marrero:

*"En círculos ambientalistas prevalece, de manera casi incuestionable, la idea de que las medidas de eficiencia y las fuentes energéticas renovables nos sacarán de las crisis ambiental y energética. Pero como dije en un escrito reciente ('Más allá del capitalismo verde'), pretender resolver estas debacles con adelantos tecnológicos, sin cuestionar la economía del capitalismo, sólo acelerará la destrucción ambiental y el agotamiento de los recursos naturales. Para entender la futilidad del capitalismo "ecológico" es necesario conocer la Paradoja de Jevons." (Ruiz Marrero, 2009).*

Creo importante recordar que Arne Naess, hace ya varias décadas, había establecido la distinción entre ecología superficial y la ecología profunda. La primera según él es la que: *"Combate la contaminación y el agotamiento de los recursos naturales. Objetivo central: la salud y la vida opulenta de los habitantes de los países desarrollados" (Naess, 2007: 98)* pero no se hace cargo de las causas políticas, sociales, económicas y culturales de la crisis ambiental.

*"Más aún, está al servicio del statu quo y sirve a las industrial y modelos políticos y económicos imperantes que además la financian. De manera que no cuestiona el egoísmo, el materialismo, el uso de la naturaleza en cuanto 'recursos naturales' sino que pretende buscar soluciones técnicas que permitan la continuidad de este modo de vida." (Rozzi, 2007:102).*

En contraste a esta aproximación que llamó "superficial" Naess introdujo el concepto de "ecología profunda" que busca dar cuenta no sólo de los síntomas sino que además de las causas culturales subyacentes a la crisis ambiental, criticando los supuestos metafísicos, sistemas políticos, estilos de vida y valores éticos de la sociedad industrial. Propugna un movimiento más ecofilosófico que científico-ecológico, señalando que:

*"La ecología es una ciencia limitada que utiliza métodos científicos. La filosofía es el foro de debate más general sobre fundamentos, tanto descriptivos como prescriptivos, y la filosofía política constituye una de sus subsecciones. Por una ecosofía me refiero a una filosofía de armonía ecológica o equilibrio ecológico. Una filosofía es un tipo de sophia o sabiduría, es abiertamente normativa y ella contiene ambos: 1) normas, reglas, postulados, enunciados de prioridades valóricas; y 2) hipótesis acerca de la naturaleza de nuestro universo. La sabiduría incluye la prescripción, y la política, no sólo la descripción y la predicción científica." (Naess, 2007:101).*

- **Actitudes negacionistas: las diversas huidas**

Jorge Riechmann, en un profundo y sugerente trabajo, identifica diversas alternativas negacionistas que califica como movimientos de fuga frente a la actual crisis ecológica y de los límites planetarios que se hace manifiesta en el fenómeno del calentamiento global. Presenta en primer lugar la que denomina como huida de los límites al crecimiento económico mediante la fusión nuclear y las nanotecnologías. Una segunda es la que llama la huida del planeta Tierra por medio de la colonización de otros mundos. Un tercer camino es la huida de la condición humana con la ingeniería genética y la simbiosis hombre-máquina. Una cuarta es la huida de la sociedad hacia el ciberespacio. Identifica además otra forma de fuga que es la propuesta por John Zerzan, quien plantea la tensión existente entre la domesticación (polo negativo) y la autenticidad (polo positivo) y la necesaria disolución de la estructura represora de la civilización, planteando un retorno al primitivismo previo incluso al surgimiento del lenguaje.

Frente a todas ellas presenta como la única opción posible, la opción ecológica: vivir dentro de los límites. Señala que tenemos que asumir, aunque no sea fácil, que somos "criaturas de frontera" ni animales, ni dioses, ni máquinas. Sugiere como la tarea fundamental de nuestra época y frente a los desafíos que vivimos: la conquista del espacio interior y ni expansión ni crecimiento sino que intensidad.

Creo importante traer aquí a colación, las reflexiones de Fran Hinkelammert, quien en sus trabajos recientes ha esbozado lo que califica como la discusión de los límites de lo posible. Hay hoy presente y en desarrollo una mitología de la imposibilidad (un misticismo de la posibilidad) exacerbado por la confianza irrestricta en el poder de la ciencia y la tecnología, que se expresa en las afirmaciones y expectativas tales como aquellas creadas respecto a: las máquinas inteligentes; la producción de nueva vida; la criogenización de los muertos a la espera de la resurrección, ya no del juicio final sino que de la tecnología; la homogeneización del tiempo o desaparición del espacio, locus o territorio. Es necesario hoy realizar una crítica a la imposibilidad de lo que en principio es posible. Se ha instalado una razón mítica que nos refiere a las ilusiones futuras olvidando las miserias presentes. Presente que es infinitamente corto, sin embargo está allí la presencia, que es donde se juega nuestra vida y la vida de las generaciones futuras. Hay un principio de realidad hegemónico instalado que es incapaz de ver la irracionalidad de lo aparentemente fuerte, de lo poderoso. La verdad está aprisionada por la injusticia (W.Benjamin) y lo fuerte está en lo débil.

- **El capitalismo verde**

El Capitalismo Verde pretende dar cuenta de las posiciones más ortodoxas del pensamiento económico liberal de corte neoclásico. Su principal exponente es Frances Cairncross, redactora jefe de *The Economist*. Ella defiende la iniciativa privada como vehículo de actuación purificadora a nivel global y como tabla de salvación colectiva para la preservación de la naturaleza. Según esta autora el mercado es el regulador. Sus argumentos fundamentales son los siguientes: la legislación medioambiental modifica y perturba la tarea del mercado provocando una pérdida de eficacia en la organización y gestión de los recursos escasos. La legislación debería limitarse sólo a obligar a prevenir o limpiar la contaminación cuando el coste de hacerlo iguala los beneficios obtenidos al hacerlo, de lo contrario origina deuda y por lo tanto quiebra.

La obtención de un medio ambiente limpio puede lograrse mediante: el cambio de los estilos de consumo pero como éstos son muy difíciles de cambiar ha de ser la tecnología creada por empresas privadas la que solucione los problemas ecológicos, el Gobierno sólo debe fomentar y promover una demanda favorable al perfeccionamiento de las tecnologías, induciendo el uso de mecanismos de producción distintos.

La convicción de los partidarios del capitalismo verde de que el mercado es compatible con el medio ambiente los lleva a argumentar que las políticas enfocadas a modificar por ley los métodos de actuación de las empresas son antiecológicas, debido a que las empresas que producen tecnologías amplían sus mercados pero quienes las aplican incrementan sus costes y no son considerados ni contabilizados como inversión. De modo tal que los ahorros obtenidos por las empresas mediante la reducción de emisiones y residuos para evitar las multas y sanciones podrían obtenerse a través de inversiones más lucrativas. Asimismo, la competencia internacional favorecería a los países que no tengan implantadas normas medioambientales, al tener costes más reducidos.

Esta postura defiende la iniciativa privada y el mercado como su regulador. El problema de esta alternativa es que su enfoque es exclusivamente microeconómico y no es capaz de dar cuenta de los fenómenos a nivel mundial, ni de forma global.

- **La desmaterialización**

La desmaterialización de la economía es una propuesta de sostenibilidad surgida como respuesta estratégica desde los países ricos (especialmente desde el Banco Mundial a partir en su informe sobre el Desarrollo Mundial en 1992) argumentando, en el ámbito conceptual y empírico, que hay una tendencia descendente tanto en términos relativos como absolutos en el uso de materiales y energía a medida que las economías crecen.

Se trata de lograr, entonces, mediante la reducción del uso de insumos utilizados para la producción, un incremento de la productividad, entendida como la relación entre la cantidad producida y la cantidad de insumos utilizados en tal producción. De ese modo, cuanto menor sea la cantidad de insumos utilizados en la producción de una unidad de producto, tanto mayor será la productividad entendida también como la eficiencia en la producción.

La estrategia de desmaterialización se lleva a cabo reduciendo las entradas de materias primas a las cadenas productivas de bienes y servicios y haciendo disminuir las salidas de desechos y sustancias tóxicas al medio ambiente. De tal modo que la desmaterialización contribuye a la ecoeficiencia, pues busca producir "más con menos", utilizando menos recursos ambientales y menos energía en el proceso productivo, reduciendo desechos, y atenuando la contaminación. La ecoeficiencia debe buscar diseños tecnológicos que aplicados a los procesos industriales permitan reducir la intensidad de uso de materiales y energía durante la producción, e impulsar la reutilización de insumos a través de procesos de reingeniería y reciclaje, trayendo de ese modo ventajas no sólo para el ambiente sino también para los propios productores.

Desde la Economía Ecológica se ha cuestionado esta propuesta basándose en la paradoja de Jevons que dice que la mayor eficiencia debido a las mejoras técnicas crea un efecto de rebote, o sea los ahorros de energía y de materiales por unidad de producto reducen los costes con lo que aumenta el consumo. Al final el incremento de ventas, o uso, contrarrestará el ahorro inicial. Así como también porque los estudios empíricos sobre el uso de energía y materiales de las economías modernas no muestran una disminución sino mas bien un aumento progresivo de los *inputs* físicos y biológicos usados puesto que las estadísticas nacionales que muestran una menor intensidad energética y material de cada unidad de PIB generado en países desarrollados no dan cuenta del fenómeno de la deslocalización de la actividad industrial hacia los países emergentes y en función del creciente flujo mercantil que acompaña la globalización, lo que se observa, a nivel agregado, es una exportación del coste material y ecológico de las economías centrales hacia países periféricos (la 'huella ecológica'), de modo que tal desmaterialización de las economías centrales sería absolutamente ilusoria.

### - El decrecimiento

Pepa Gisbert sostiene que:

*"La idea del decrecimiento nace de pensadores críticos con el desarrollo y con la sociedad de consumo, entre ellos Ivan Illich, André Gorz, Cornelius Castoriadus o Francois Partant, incluyendo en esta crítica la del fracaso del desarrollo en el Tercer Mundo, con autores como Vandana Shiva, Arturo Escobar, etc. Del mismo modo, dentro del campo de la economía, tras el informe del Club de Roma aparecen voces críticas al modelo de crecimiento. Herman Daly, economista norteamericano que recibió el Nóbel alternativo en 1996, propone la idea de que es posible una economía estable, con unas condiciones estacionarias de población y capital, el crecimiento 0." (Gisbert, 2007: 21).*

A su vez Serge Latouche, quien aparece como la cara más visible de esta escuela de pensamiento, señala que el decrecimiento implica desaprender, desprenderse de un modo de vida equivocado, incompatible con el planeta. Se trata de buscar nuevas formas de socialización, de organización social y económica. El propósito fundamental al cual apunta el decrecimiento es al abandono del insensato objetivo de crecer por crecer, cuyo motor no es otro que la búsqueda desenfrenada de ganancias para los poseedores del capital.

*"Los posibles caminos del decrecimiento pasan por estrategias y elementos tan diversos como la relocalización de la economía y la producción a escala local y sostenible; la agricultura agroecológica; la desindustrialización; el fin de nuestro modelo de transporte (automóvil, aviones, etc.); el fin del consumismo y de la publicidad; la desurbanización; el salario máximo; la conservación y reutilización; la autoproducción de bienes y servicios; la reducción del tiempo de trabajo; la austeridad; los intercambios no mercantilizados; y un largo etcétera. Por otro lado, las escalas de reflexión e intervención también son múltiples: el movimiento a favor del decrecimiento tiene que trabajar en la articulación de tres niveles de resistencia: el nivel de resistencia individual, la simplicidad voluntaria; el nivel de las alternativas colectivas, que permiten inventar otras formas de vida para generalizarlas; el nivel político, es decir el de los debates y de las decisiones colectivas fundamentales en la definición de la sociedad." (Mosangini, 2007).*

### - La biomímesis

Según Jorge Riechmann, el concepto de biomímesis consiste en *"imitar la naturaleza a la hora de reconstruir los sistemas productivos humanos, con el fin de hacerlos compatibles con la biosfera"* y a su entender, a esta estrategia le corresponde un papel clave a la hora de dotar de contenido a la idea más formal de sostenibilidad.

La propuesta de biomímesis consiste en generar un entramado de colaboraciones que nos permitan la reconstrucción ecológica de la economía, que persigue imitar el funcionamiento de los ecosistemas. Estaría construida a partir de cinco grandes premisas:

1. Vivir del sol como fuente energética;
2. Cerrar los ciclos de los materiales;
3. No transportar demasiado lejos los materiales;
4. Evitar los xenobióticos tales como los COP (Contaminantes Orgánicos Persistentes) o los OMG (Organismos Modificados Genéticamente = trangénicos);
5. Respetar la diversidad.

El supuesto central es que estos principios constituyen la esencia de una economía sustentable, siendo tanto o más necesarios que la propia ecoeficiencia. Esto es, una economía conformada por ciclos cerrados de materiales, sin contaminación y sin toxicidad, movidos por energía solar y adaptada a la diversidad local. Es absolutamente evidente, como lo señala Riechmann, que la naturaleza es *"la única empresa que nunca ha quebrado en unos 4.000 millones de años"* según lo sostiene Frederic Vester, y *"ella nos proporciona el modelo para una economía sustentable y de alta productivida"*. En consecuencia, es necesario comprender los principios de funcionamiento de la vida en sus diferentes niveles (en particular el nivel de ecosistema), de tal manera que el espacio urbano, industrial y agrario, sea lo más parecido posible al funcionamiento de los ecosistemas naturales.

Estos planteos son convergentes, a mi entender, con la demanda que Arno Naess hizo por una sostenibilidad radical (fuerte, profunda). Para Naess lo que caracteriza y diferencia al movimiento de la ecología profunda es que respeta y asume los siguientes principios:

1. Rechaza la imagen del hombre-en-el-medio-ambiente a favor de la imagen relacional de campo total;
2. Igualdad biosférica: igualdad del derecho a vivir y a florecer;
3. Principios de diversidad y de simbiosis;
4. Postura anticlasista;
5. Combate la contaminación y el agotamiento de los recursos naturales;
6. Complejidad-no-complicación, y;
7. Autonomía local y descentralización.

- *Sumak Kawsay*

Desde su propia perspectiva los movimientos indigenistas de Sudamérica enarbolan como propuesta el camino del *Sumak Kawsay*.

> *"Son los mismos indígenas de Bolivia, Ecuador, y Perú, los que ahora proponen un concepto nuevo para entender el relacionamiento del hombre con la naturaleza, con la historia, con la sociedad, con la democracia. Un concepto que propone cerrar las cesuras abiertas por el concepto neoliberal del desarrollo y el crecimiento económico. Han propuesto el 'sumak kawsay', el 'buen vivir'. Es probable que la academia oficial, sobre todo aquella del norte, sonría condescendiente, en el caso de que logre visibilizar al concepto del buen vivir, y que lo considere como un hecho anecdótico de la política latinoamericana. Sin embargo, es al momento la única alternativa al discurso neoliberal del desarrollo*

*y el crecimiento económico, porque la noción del sumak kawsay es la posibilidad de vincular al
hombre con la naturaleza desde una visión de respeto, porque es la oportunidad de devolverle la ética
a la convivencia humana, porque es necesario un nuevo contrato social en el que puedan convivir la
unidad en la diversidad, porque es la oportunidad de oponerse la violencia del sistema." (Dávalos,
2008).*

Para Dávalos, *Sumak Kawsay* es la expresión de una forma ancestral de ser y estar en el
mundo. Este "buen vivir" se vincula con las demandas de *"décroissance"* de Latouche, de
"convivialidad" de Iván Ilich, de "ecología profunda" de Arnold Naess. Pero a la vez también
recoge las propuestas de descolonización de Aníbal Quijano, de Boaventura de Souza Santos
y de Edgardo Lander, entre otros.

*"El 'buen vivir', es otro de los aportes de los pueblos indígenas del Abya Yala, a los pueblos del
mundo, y es parte de su largo camino en la lucha por la descolonización de la vida, de la historia, y
del futuro. Es probable que el Sumak Kawsay sea tan invisibilizado (o lo que es peor, convertido en
estudio cultural o estudio de área), como lo fue (y es) el concepto del Estado Plurinacional. Más, en la
prosa del mundo, en su signatura de colores variados como el arcoiris, en su tejido con las hebras de
la humana condición, esa palabra, esa noción del 'buen vivir', ha empezado su recorrido. En los
debates sobre la nueva Constitución ecuatoriana, junto a los derechos de la naturaleza y el Estado
Plurinacional, ahora se ha propuesto el Sumak Kawsay como nuevo deber-ser del Estado
Plurinacional y la sociedad intercultural. Es la primera vez que una noción que expresa una práctica
de convivencia ancestral respetuosa con la naturaleza, con las sociedades y con los seres humanos,
cobra carta de naturalización en el debate político y se inscribe con fuerza en el horizonte de
posibilidades humanas" (Dávalos, 2008).*

### - La ética del consumo

Adela Cortina plantea la propuesta de una Ética para el Consumo anclada en la siguiente
argumentación siendo los bienes sociales y puestos a nuestra disposición para hacer posible
nuestra felicidad, es inmoral que debido al sobreconsumo de unos pocos se genere una
situación de carencia de los muchos. Recupera así la idea de Gandhi respecto a que consumir
más allá de lo que se necesita es robo.

Cortina señala además que vivimos tiempos de ética intersubjetiva, pero con una pérdida de
la ética intrasubjetiva. Vivimos en la exterioridad porque estamos siempre referidos a la
exterioridad y nos es necesario recuperar la dimensión de la interioridad. Se pregunta sobre
qué nos llevó a creer que el poseer mercancías es alcanzar la felicidad y nos señala que no
pongamos la confianza en los que no nos da la felicidad. Plantea la urgencia de cambiar las
actuales formas de consumo porque son formas de vida insostenibles y que para vivir formas
de vida sostenible es imprescindible introducir el principio de la universalización negativa:
"no consumas nunca productos cuyo consumo no se puede universalizar sin producir daño a
las personas o al medio ambiente". Debemos construir una cultura de la sobriedad y optar por
formas de vida que sean universalizables ya que los bienes de la tierra son bienes sociales y
los bienes sociales tienen que ser distribuidos. Los bienes de justicia deben ser entregados a
todos los seres humanos. La humanidad ha avanzado a reconocer los Derechos Humanos de
primera, segunda y tercera generación. Estos son bienes de gratuidad, aquellos que se
comparten con quienes son carne de la misma carne porque es necesario compartir la

abundancia del corazón. Debemos por consiguiente superar el discurso del contrato y avanzar hacia el discurso de la alianza para transitar como lo señaló Rozzi desde la lealtad hacia la justicia.

Cortina (2002:304), señala que es necesaria una ética del consumo anclada en tres escalones básicos:

*"La igualdad de consumo, entendida como la creación de estilos de vida incluyentes y universalizadles; la moderación de consumo compulsivo, y el diseño de un pacto global sobre el consumo que haga posible promover la capacidad de las personas de consumir de forma autónoma, defender sus intereses mediante el diálogo y desarrollar sus proyectos de vida feliz."*

### - El principio de abajamiento

En una perspectiva similar a las antes presentadas Joaquín García Roca nos plantea un nuevo principio al cual denomina de abajamiento. Sostiene que la lógica del capitalismo globalizado produce y ha acentuado las desigualdades entre los países y consagra un mundo único, pero desigual y antagónico, reforzando el poder económico de los ricos y aumentado el número de los empobrecidos, creando así una brecha cada vez más profunda entre países y al interior de cada país. Para enfrentar una sociedad mundial será necesario el surgimiento de la mundialización cuyo norte y guía será la creación de la única familia humana. Señala que es la solidaridad que se despliega en la piedad ante el otro, en el reconocimiento del otro y en la universalidad para el otro, la energía vital y el paradigma a partir del cual nuestra sociedad puede tomar conciencia de sí misma y buscar con urgencia soluciones. De allí la necesidad de lo que su autor denomina el principio-abajamiento y que posiblemente es su aporte más sustantivo para avanzar hacia una nueva moralidad, requerida imprescindiblemente para enfrentar la actual crisis civilizatoria:

*"La universalización hace que la solidaridad entre en una nueva fase, caracterizada por el «abajamiento» o, en términos bíblicos, por un cierto anonadamiento. La solidaridad por abajamiento obliga a renunciar al disfrute de algunos derechos e incluso ir en contra de nuestros intereses. La solidaridad exige hoy que los fuertes se abajen con los débiles en contra de sus propios intereses. En el mundo único, desigual y antagónico, no es posible ser solidarios sin quedar afectado radicalmente el propio bienestar, ya que nuestro modo de vida no se puede generalizar a toda la humanidad. Esta solidaridad consiste en organizar todo desde los derechos de los menos-iguales. Se trata de abajarse hacia ellos, ya que no va a ser posible que ellos suban la nivel que hemos alcanzado nosotros." (García, 1998:37).*

### - La necesaria articulación de la economía solidaria y el desarrollo sostenible

Cualquier alternativa de salida que se busque a esta crítica situación necesariamente deberá transitar en torno a dos ejes principales: el desarrollo sostenible y la economía solidaria. ¿Qué implica cada cual y cuáles serían sus elementos constitutivos?

El desarrollo sostenible implica necesariamente un desacoplamiento del esfuerzo en pos del desarrollo de aquel que busca el crecimiento económico. Ha sido ya latamente demostrado que ambas dimensiones que se potencian mutuamente durante los períodos iniciales del tránsito hacia la modernidad, alcanzado cierto nivel de expansión económica tienden a generar efectos no deseados que incluso deterioran los niveles de desarrollo social y cultural alcanzados.

Es posible afirmar que el mundo que hemos construido es el mundo de la desmesura, del exceso, de la exageración. Todo lo contrario de lo que caracteriza la mayor parte de las otras formas de ser o habitar lo humano que se han experimentado a lo largo de la historia de la especie. Nuestro problema civilizatorio dice relación con las escalas en las cuales transita y se vive la experiencia humana. Hemos ido construyendo dimensiones cada vez más gigantescas, más descomunales y consecuentemente cada vez más difíciles de manejar, administrar y controlar.

Hay aquí un profundo error epistemológico, cual es el desconocimiento de las escalas en las cuales nuestra percepción puede desplegarse otorgándole sentido a la experiencia. De no ser así lo que se vive es una presencia ausente. La información está allí: todos los colores, los olores y los sonidos, la majestuosidad del paisaje, el fervor de las muchedumbres, la profundidad del dolor, el contagio de la alegría, la sacralidad del lugar y del momento, pero sus receptores somos seres mutilados, carentes de la emocionalidad y de los sentimientos que nos permitan vivir la experiencia, porque nos hemos automutilado, no de los órganos sensoriales, pero si de la sensibilidad que nos permite que los datos provistos por nuestros órganos sensoriales adquieran "sentido".

Ese es nuestro problema fundamental como civilización, como especie, como humanidad: operar con escalas, magnitudes, en espacios y a velocidades, que nos hacen imposible digerir, asimilar, incorporar, hacer propias las experiencias vividas. Es vivir una vida de presencia ausente. Estar físicamente allí pero siendo incapaces de experimentar en profundidad, en alcance y proyecciones, las experiencia vividas.

De allí la insensibilidad colectiva hecha manifiesta, no en la manifestación frente a la guerra no deseada o en la campaña benéfica, sino en la incapacidad para vincular nuestras civilizadas conductas "pequeño burguesas" con los problemas del calentamiento global o del hambre en el mundo. Somos incapaces de ver como esos problemas tienen su origen en la agregación de pequeñas acciones individuales, en la sumatoria de conductas aparentemente insignificantes cada una en sí mismas, pero que multiplicadas por más de seis mil millones de seres humanos se trasforman en una tragedia.

De ser cierto lo antes afirmado pienso que surgen como caminos posibles los siguientes:

1. Hacer todos los esfuerzos necesarios y en todos los ámbitos requeridos para recuperar las escalas de sentido;
2. Partir por el cambio personal: "si yo cambio, cambia el mundo";
3. Continuar con los cambios en las escalas más próximas o cercanas (el cotidiano de nuestro existir: nuestras comunidades naturales, la pareja, el grupo familiar, el lugar de trabajo o estudio, el vecindario, la parroquia o comunidad eclesial, etc.);

4. Transitar progresivamente en la medida en que sea posible por cambios en las escalas intermedias (el barrio, el municipio o localidad, la región) hasta llegar a las dimensiones globales.

Es en esta perspectiva en la cual adquieren sentido las nociones de economía solidaria y desarrollo sustentable, ya que ambas no pueden ser entendidas como algo que está afuera y en lo cual yo no tengo algo que hacer. Vamos viendo pues en que consiste este quehacer.

¿Qué nos señala la idea de desarrollo sustentable? Tratando de sintetizar la enorme riqueza de reflexión producida en torno a este concepto, lo diré de la siguiente manera (cual un imperativo kantiano): "debemos heredar a nuestros descendientes al menos la misma riqueza de potencialidades de vivir plenamente la condición humana que nosotros hemos podido vivir". ¿Qué está implícito en esta idea? Una noción de solidaridad intergeneracional (sumatoria de las dos nociones Rortyanas: lealtad más justicia, esto es una lealtad ampliada e incluyente). Riechmann (2004: 12), señala que *sostenibilidad es vivir dentro de los límites de los ecosistemas.*". ¿Qué quiere decir desarrollo sostenible sino vivir dentro de los límites de la naturaleza con justicia social y con una vida humana plena?.

¿Qué implica esta idea?, que debemos hacer uso de formas de producción, distribución y consumo (están implícitas en ellas las tecnologías respectivas), que no deterioren el medio ambiente natural, que sean amigables y no destructivas del entorno, que no extraigan más allá de la cosecha de los recursos naturales y en el caso de no poder ser así que provean la adecuada sustitución de los recursos utilizados. Lo anterior se traduce necesariamente en evitar todo tipo de derroche, en usar eficientemente todos los bienes disponibles, esto es en perseguir deliberadamente en nuestro consumo ciertos niveles de mesura cada vez que sea posible e incluso de frugalidad cuando ello sea necesario.

¿Qué nos señala la idea de una economía solidaria?, la necesidad de compatibilizar el interés individual y el bienestar colectivo. Nuestra economía globalizada es una economía de destrucción y de muerte (Hinkelammert, Santos, entre otros), ya que subordina absolutamente el bien común planetario (la lógica de la vida) a los intereses individuales (la lógica del capital), sean estos de un individuo, de una empresa, o de un gobierno. Podemos diferir respecto a su vitalidad, pero posiblemente la mayoría de nosotros coincidirá en que está profundamente enferma, sino moribunda. Es necesario transitar hacia economías "vivientes" (Korten) o biomiméticas (Riechmann), que son aquellas que imitan las características de los sistemas vivos saludables encontrados en la naturaleza. Resumiendo lo que nos ha aportado la biología al respecto, podemos señalar que tales sistemas son:

1. Auto-dirigidos, auto-organizantes y cooperativos;
2. Localizados y adaptados al lugar;
3. Contenidos y limitados por fronteras permeables;
4. Frugales y capaces de compartir;
5. Diversos y creativos.

Será necesario además, como lo señala Razeto (1993:15), que:

*"La solidaridad se introduzca en la economía misma, y que opere y actúe en las diversas fases del ciclo económico, o sea, en la producción, circulación, consumo y acumulación. Ello implica producir con solidaridad, distribuir con solidaridad, consumir con solidaridad, acumular y desarrollar con solidaridad. Y que se introduzca y comparezca también en la teoría económica, superando una ausencia muy notoria en una disciplina en la cual el concepto de solidaridad pareciera no encajar apropiadamente."*

Lo que comenzará a surgir es una nueva propuesta de organización social y cultural, la cual está siendo posibilitada por las transformaciones globales que estamos experimentando, y a la vez por los niveles de conciencia que la humanidad está alcanzando. Es un tipo de sociedad sustentable, solidaria y ecológica, quizás ecosocialista. Esta será una sociedad donde lo que se trabaje preferentemente será la oferta de satisfactores, tanto en calidad como en cantidad, enriqueciendo las formas como damos cuenta de las necesidades humanas. Es importante tener presente que los satisfactores en cuanto son los elementos inmateriales de una cultura no tienen peso entrópico, no generan carga sobre el medio ambiente. Los satisfactores son las formas culturales, son lo más propiamente humano porque es lo que creamos culturalmente.

La concepción de riqueza propia de este tipo de sociedad es la dotación de mayores y mejores satisfactores. La pobreza sería entonces la existencia de satisfactores de menor calidad y en menor cantidad. No podemos olvidar que los bienes son algo, que al igual que los satisfactores, producimos culturalmente, pero el problema de los bienes es que tienen un límite o umbral puesto por su materialidad, que es lo que olvidan quienes confunden crecimiento y desarrollo. Lo que sin embargo no tiene límites, son los satisfactores, las formas mediante las cuales damos cuenta de nuestras necesidades, ellas son las maneras de ser, tener, hacer y estar en el mundo del cual formamos parte, las que por su propia naturaleza son inmateriales, pero a la vez son algo que construimos en la relación con otros seres humanos, esto es en la producción de cultura. Y más aún si hacemos uso de satisfactores sinérgicos pues abrimos espacio al enorme potencial de la creatividad, de la cooperación y de la solidaridad entre los seres humanos.

Pero debemos tener claro asimismo que no basta con la transformación exclusivamente personal que será a la vez condición necesaria para el cambio requerido también la obtención de los cambios requeridos, como lo sostiene Joaquim Sempere (2007:32):
*"No basta con actitudes meramente individuales, como sería una austeridad voluntaria, aunque pretendiera ser ejemplarizante, sino que hace falta intervenir con instrumentos colectivos para introducir cambios en los hábitos, los valores y las prioridades de la sociedad que simplifiquen el metabolismo socionatural y permitan reducir el impacto humano sobre la biosfera tratando de conservar las mejoras que sea posible conservar con miras a una vida digna y buena".*

## Conclusiones

La magnitud de la crisis que enfrentamos nos demanda una profunda revolución cultural, que está siendo provocada por la escasez de energía y recursos naturales y cuyos protagonistas serán nuestros hijos. Dicha revolución, que ya está en marcha, transformará radicalmente muchos de los valores que en el presente son considerados intocables, entre otros:

1. El ser-hacer reemplazará al tener como el valor básico de la sociedad;
2. El concepto de renovabilidad adquirirá absoluta centralidad en el sistema de valores: cualquier acto humano y tecnológico basado sobre la renovabilidad de materia y energía será éticamente válido;
3. Las opciones de producción estarán orientadas por las leyes de la termodinámica;
4. Una idea fuerza que reemplazará a la de desarrollo será el concepto de "límites al crecimiento", de equilibrio biofísico (o estado estacionario), e incluso de decrecimiento;
5. Las nociones de cuidado, de ahorro, de autolimitación, de ascetismo, de respeto a la sacralidad de toda forma de vida, entre otras similares se instalarán como ideas fuerza en el imaginario colectivo;
6. Se buscará alcanzar un estado demográfico estacionario, donde el crecimiento demográfico llegará a ser considerado éticamente inaceptable;
7. La orientación de la futura cultura no estará puesta en la búsqueda de mejorar a otros como ha sido hasta ahora, sino que en el esfuerzo por mejorarnos a nosotros mismos;
8. El tema de la escala y el principio de subsidiariedad adquirirán absoluta relevancia para encontrar soluciones técnicas, políticas y económicas debido a las "deseconomías energéticas" de las escalas mayores, superada una cierta dimensión o umbral;
9. El concepto de dignidad humana se constituirá en el norte orientador de todos los esfuerzos políticos pues concilia los objetivos de sostenibilidad ambiental con los objetivos distributivos de la equidad social y la democracia participativa, estableciendo una carga diferencial en el esfuerzo a desarrollar para la sostenibilidad en función de referentes de redistribución y líneas de convergencia.

Recuperar la fuerza ética contenida en las palabras como expresión de las aspiraciones humanas, es también una tarea necesaria y liberadora, para confrontar relativismos morales, siempre al servicio de los poderosos. Por lo tanto tenemos que decidir qué tipo de vida queremos vivir. Según creo, habría que estar dispuestos a:

1. Compartir más con aquellos que tienen menos;
2. Suprimir el consumo de cosas que son altos consumidores de energía;
3. Depender menos de los artefactos y más de las fuerzas interiores y los recursos propios;
4. Educarnos para disfrutar de una vida más rica, más plena, más atractiva, más placentera;
5. Reducir los horarios de trabajo para dedicar más tiempo al ocio creativo;
6. Reorientar recursos a la educación y a la investigación;
7. Aprender a valorar los inefables que nos rodean y que nos hacen humanos: seres queridos, afectos, paisajes, pensamientos, detalles, recuerdos, lecturas, música y sonidos, etc.;
8. Lograr un desarrollo más vivible, con más vida familiar, con más vida afectiva, con más contacto con la naturaleza y las maravillas de la existencia.

Transitando por caminos como los sugeridos iremos progresivamente desplazándonos hacia un nuevo tipo de sociedad y de cultura, que se diferencia de la actual sociedad consumista, en la cual se produce un exceso de bienes que nos va embotando tanto desde el punto de vista valorativo como desde el punto de vista emocional. Sociedad que pese a su enorme potencial tecnológico, es absolutamente insostenible en el tiempo, ya que genera niveles tales de entropía ambiental y social, que parece inviable política y psicosocialmente y que incluso nos ha llevado a algunos a denunciar su naturaleza suicida.

**Referencias**


Acosta, A. y Martínez E. (comp.) (2008). B*uen Vivir. Una Vía para el Desarrollo.* Quito: Abya-Yala.

Berman, M. (1987). E*l Reencantamiento del Mundo.* Santiago de Chile: Cuatro Vientos Editorial.

Blount, E., Clarimón, L., Cortés A. y Riechmann J. (coords.) (2003). I*ndustria como Naturaleza. Hacia la producción limpia.* Madrid: Los libros de la Catarata.

Cairncross, F. (1993). L*as Cuentas de la Tierra:* Economía Verde y Rentabilidad Medioambiental. Madrid: Acento Editorial.

Cairncross, F. (1996). Ecología S.A. Hacer Negocios Respetando el Medio Ambiente. Madrid: Ecoespaña.

Carosio, A. (2008). El Consumo en la Encrucijada Ética. U*topía y Praxis Latinoaméricana. (Maracaibo)* año 13, nº 4, 13-45.

Cortina, A. (2002). P*or una Ética del C*consumo. Madrid: Taurus.

Daly, H. y Cobb, J. (comp.) (1993). P*ara el Bien Común. Reorientando la Economía hacia la Comunidad, el Ambiente y un Futuro Sostenible.* México: fce.

Dávalos, P. (2008). El "Sumak Kawsay" ("buen vivir") y las Cesuras del Desarrollo. Disponible en: http://www.biodiversidadla.org/content/view/full/40859. Consulta:10/02/2009.

García Roca, J. (1998). Exclusión Social y Contracultura de la Solidaridad. Prácticas, Discursos y Narraciones. Madrid: Ediciones hoac.

Gisbert, P. (2007). El Decrecimiento, Camino hacia la Sostenibilidad. E*l Ecologista,* nº 55, Invierno 2007/2008.

Hinkelammert, F. (2007). H*acia una Crítica de la Razón Mítica. El Laberinto de la Modernidad. Materiales para Discusión.* San José de Costa Rica: Editorial Arlekín.

Hinkelammert, F. (1996). E*l Mapa del Emperador. Determinismo, caos, sujeto.* San José de Costa Rica: Editorial Dei.

Hinkelammert, F. (1989). La Fe de Abraham y el Edipo Occidental. San José de Costa Rica: Editorial Dei.

Korten, D. (2002). G*lobalización y Sustentabilidad: Escenario Mundial y Alternativas después del 11 de Septiembre.* En Globalización y Sustentabilidad. Desafíos y Alternativas. Santiago de Chile: Programa Chile Sustentable.

Max-Neef, M., Elizalde, A. y Hopenhayn, M. (1986). D*esarrollo a Escala Humana: Una Opción para el Futuro.* Número Especial de D*evelopment Dialogue (uppsala).* Una versión en inglés fue publicada en el número 1989:1 de D*evelopment Dialogue.*

Mosangini, G. (2007). D*ecrecimiento y Cooperación Internacional.* Disponible en: http://www.rebelion.org/noticia.php?id=56547 (consulta: 21/02/2009).

Naess, A. (2007). Los Movimientos de la Ecología Superficial y la Ecología Profunda: Un Resumen. *Ambiente y Desarrollo. Ssantiago de Chile*, 23 (1): 98-101.

Razeto, L. (1993). *Los Caminos de la Economía de Solidaridad*. Santiago de Chile: Vivarium.

Riechmann, J. (2008). *Sobre Socialidad Humana y Sostenibilidad*. En Jorge Riechmann (coord.). Cambio Social para Ecologizar el Mundo ¿En qué estamos fallando? Barcelona: Icaria.

Riechmann, J. (2004). U*n Adiós para los Astronautas. Sobre Ecología, Límites y la Conquista del Espacio Exterior*. Lanzarote: Fundación César Manrique.

Riechmann, J. (2000). U*n Mundo Vulnerable*. Madrid: Los Libros de la Catarata.

Rozzi, R. (2007). Ecología Superficial y Profunda: Filosofía Ecológica. *Ambiente y Desarrollo. Santiago de Chile*, 23 (1): 102-105.

Ruiz Marrero, C. (2009). E*l Fin del Crecimiento. Adital. Notícias de América Latina e Caribe*. Disponible en: http://www.adital.org.br/site/noticia.asp?lang=es&cod=36949 (consulta: 15/02/2009)

Sachs, W. (ed.) (1996). D*iccionario del Desarrollo*. Lima: Pratec.

Santos, M. (2000). P*or uma Outra Globalização. Do Pensamento Único à Consciencia Universal*. Rio de Janeiro: Editora Record.

Sempere, J. (2007). *Sobre Suficiencia y Vida Buena*. En M. Linz, J. Riechmann y J. Sempere, Vivir (bien) con menos. Sobre Suficiencia y Sostenibilidad (19-31). Barcelona: Icaria.

Wallerstein, I. (2008). Ecología y Costes de Producción Capitalista: No hay Salida. *Futuros. Revista Trimestral Latinoamericana y Caribeña de Desarrollo Sustentable*, n° 20, vol. 6. Disponible en: http://www.revistafuturos.info/futuros20/ecologia_capitalismo.htm (consulta: 21/02/2009).

# EDUCACIÓN SUPERIOR PARA EL DESARROLLO SUSTENTABLE: ¿CÓMO PUEDEN CONTRIBUIR LAS UNIVERSIDADES AL DESARROLLO SUSTENTABLE DE LA SOCIEDAD?

Marco Rieckmann

Universidad Vechta, Alemania,

*"El peligro radica en que nuestro poder para dañar o destruir el medio ambiente, o al prójimo, aumenta a mucha mayor velocidad que nuestra sabiduría en el uso de ese poder".*
**Hawking Stephen.**

## Resumen

La Educación (Superior) para el Desarrollo Sustentable (EDS) tiene como objetivo desarrollar competencias (clave) relevantes para el desarrollo sustentable. En un estudio Delphi se han identificado 12 competencias clave que son importantes para el desarrollo sustentable. En las universidades se necesita una nueva cultura de aprendizaje que se orienta al desarrollo de estas competencias. Para que los docentes universitarios sean capaces de contribuir a esta nueva cultura de aprendizaje, se necesitan programas de capacitación profesional en los cuales los docentes pueden desarrollar sus competencias de enseñanza.

**Palabras Claves:** educación superior para el desarrollo sustentable, sustentabilidad, universidades, desarrollo de competencias, nueva cultura de aprendizaje.

## Introducción

*Hoy en día, la humanidad se enfrenta a una serie de transformaciones sociales, económicas, culturales y ecológicas globales que en el largo plazo amenazan la supervivencia de la especie humana (Harris, 2007).* Para hacer frente a estos retos, desde la Cumbre de la Tierra de Río en 1992, se ha discutido el ideal del desarrollo sustentable que implica profundas transformaciones sociales. Estas transformaciones en términos del desarrollo sustentable requieren un cambio profundo de la conciencia de los individuos. En consecuencia, la Agenda 21 (capítulo 36) señala a la educación como un factor clave para lograr el desarrollo sustentable. El Decenio de las Naciones Unidas de la Educación para el Desarrollo Sustentable (2005–2014), acordado por la Asamblea General de la ONU en diciembre de 2002 (UNESCO, 2005), se puede ver en esta perspectiva.

*Para que las personas estén en condiciones de comprometerse con las cuestiones relacionadas con la sustentabilidad, un cambio de perspectiva en la educación es necesario: una reorientación hacia la "Educación para el Desarrollo Sustentable" (EDS) (comp. Barth / Michelsen 2013).* En este contexto, todas las instituciones educativas – desde el preescolar hasta la educación superior – pueden y deben considerar su responsabilidad para tratar intensamente con asuntos del desarrollo sustentable (UNESCO, 2005).

–   **Educación superior para el desarrollo sustentable**

*Educación para el Desarrollo Sustentable (EDS) tiene como objetivo desarrollar competencias (clave) que permiten a las personas participar en los procesos socio-políticos y, por lo tanto, mover la sociedad hacia el desarrollo sustentable (Rieckmann, 2012; Wiek et al., 2011; Barth et al., 2007).*

Las universidades pueden jugar un papel importante para transformar el futuro de la sociedad mundial en términos del desarrollo sustentable *"al abordar la sustentabilidad a través de sus principales funciones de la educación, la investigación y divulgación" (Fadeeva/Mochizuki, 2010: 250);* traducido al español por el autor), lo que significa que pueden generar nuevos conocimientos y contribuir al desarrollo de competencias adecuadas y la sensibilización de sustentabilidad (comp. Rieckmann, 2012). Con la participación de la educación superior en materia de la EDS, la UNESCO quiere *"fomentar y mejorar la excelencia científica, la investigación y el desarrollo de nuevos conocimientos para la EDS" (UNESCO, 2009: 5; traducido al español por el autor).* Las universidades son actores clave en el proceso de implementación del desarrollo sustentable, *"porque forman un vínculo entre la generación de conocimientos y la transferencia de conocimiento a la sociedad, tanto por la educación de los futuros tomadores de decisiones y por la de divulgación y el servicio para la sociedad"* (Adomßent/Michelsen, 2006: 87-88; traducido al español por el autor). Tratar con el concepto del desarrollo sustentable, para las universidades, les ofrece la oportunidad de entender y hacer frente a la complejidad así como hacer frente a la incertidumbre y las normas y valores divergentes, y facilita el cambio institucional y organizacional sistémico de las universidades y les proporciona espacios para un pensamiento y aprendizaje orientados hacia el futuro (Adomßent et al., 2007).

*Los desafíos con los cuales las universidades deben enfrantarse para hacerse universidades sustentables son: políticas institucionales de sustentabilidad, la movilización del personal y de los estudiantes, la formación del personal, la inclusión de la sustentabilidad en la investigación, la inclusión de la sustentabilidad en el currículum así como en la educación continua y en la extensión (Leal Filho, 2009).*

*Sin embargo, aunque ya desde el año 1990 las declaraciones sobre la Educación Superior para el Desarrollo Sustentable se han adoptado y las universidades han implementado una amplia gama de actividades en este ámbito y han creado redes (Adomssent, 2006),* para la preparación de las universidades para el futuro todavía queda mucho trabajo por hacer y quedan aún muchas cuestiones que deben discutirse. Por ejemplo, *todavía se discuten la selección y definición de las competencias clave para la sustentabilidad que deben ser adquiridas en la educación superior (Fadeeva/Mochizuki, 2010).*

–   **Competencias clave para el desarrollo sustentable**

En general, competencias son disposiciones individuales las cuales abarcan elementos cognitivos, emocionales, volitivos y motivacionales; entonces forman una combinación de conocimiento, capacidades, habilidades, motivos, valores y disposiciones emocionales. Las competencias facilitan la acción auto-organizada en diferentes situaciones complejas, siendo activadas dependiendo de la situación y el contexto dados. Se pueden cambiar: Se desarrollan en la acción – en la base de las experiencias y la reflexión (Andrade Cázares, 2008; Cantú Hinojosa, 2008; Weinert, 2001).

Competencias *clave* se entienden como competencias transversales, multifuncionales e intercontextuales las cuales se consideran que son particularmente significativas para implementar metas importantes en un marco normativo definido (así, por ejemplo, sustentabilidad) y son de relevancia para todos los individuos (Rychen, 2003; Rychen/Salganik, 2001; Weinert, 2001).

Ante este trasfondo, cabe preguntarse qué competencias son de particular importancia para el desarrollo sustentable y, por tanto, podrían ser vistas como "competencias clave de sustentabilidad". Durante los últimos años, diferentes enfoques para la selección y definición de las competencias clave necesarias para el desarrollo sustentable se han desarrollado, por ejemplo, la competencia de transformación (de Haan, 2006), "literacy" de sustentabilidad (Parkin et al., 2004), las habilidades de sustentabilidad (Stibbe, 2009; Hopkins/McKeown, 2002; McKeown, 2002), y las competencias clave "DeSeCo" de la OCDE (Rychen, 2003).

En un estudio Delphi en el cual participaron expertos de la EDS de Ecuador, Chile, México, Alemania y Gran Bretaña se han identificado las siguientes 12 competencias clave que son importantes para el desarrollo sustentable en Europa como también en América Latina (Rieckmann, 2012):

1. La competencia para el pensamiento sistémico y el manejo de la complejidad;
2. La competencia para el pensamiento anticipatorio;
3. La competencia para el pensamiento crítico;
4. La competencia para actuar de manera justa y ecológicamente;
5. La competencia para la cooperación en grupos (heterogéneos);
6. La competencia para la participación;
7. La competencia para la empatía y el cambio de perspectiva;
8. La competencia para el trabajo interdisciplinario;
9. La competencia para la comunicación y el uso de los medios de comunicación;
10. La competencia para la planificación y realización de proyectos innovadores;
11. La competencia para la evaluación, y;
12. La competencia para la tolerancia a la ambigüedad y la frustración.

Tanto para los expertos de Europa y América Latina las competencias clave más relevantes son las para el pensamiento sistémico y el manejo de la complejidad, el pensamiento anticipatorio y el pensamiento crítico. Además, las respuestas de los expertos muestran que, sobre todo, la complejidad, la incertidumbre, los riesgos y la alta velocidad del cambio social (global) son vistos como retos que hacen necesarias y pertinentes, en particular, estas competencias clave (Rieckmann, 2012).

- **Fomento de las competencias clave para la sustentabilidad en la enseñanza superior**

La adquisición de competencias no es comparable con la adquisición de conocimientos. Las competencias se describen como algo que se puede aprender, pero no se puede enseñar. Esto lleva a la creciente importancia de la cuestión de si y cómo las competencias pueden ser adquiridas a través de programas de aprendizaje (Weinert, 2001).

Se puede afirmar que las universidades tienen que crear entornos de aprendizaje particulares en los cuales los estudiantes puedan mejorar sus competencias para la comprensión de la complejidad y los efectos a largo plazo de las acciones de hoy en día así como para cuestionar las suposiciones comunes. Por consiguiente, las universidades deben convertirse en una "academia que aprende" (Adomßent, 2006: 13; traducido al español por el autor). Se necesita una nueva cultura de aprendizaje que se orienta al desarrollo de competencias, procesos sociales de aprendizaje y un enfoque centrado en el alumno (Barth et al., 2007). Para una nueva orientación de la enseñanza académica, que pone el enfoque en las competencias clave y los principios clave de la educación superior para el desarrollo sustentable, por lo menos dos desafíos centrales se pueden identificar: una orientación hacia la interdisciplinariedad y el fortalecimiento de la auto-dirección en el proceso de aprendizaje (ibídem).

Para adquirir y poner en práctica las competencias, la existencia de contextos diversos y múltiples es importante. Las universidades deben crear espacios de enseñanza y aprendizaje que se caracterizan por aspectos como la inter- y transdisciplinariedad, la participación, la orientación a los problemas así como la vinculación del aprendizaje formal e informal y, por tanto, deben facilitar el desarrollo de las competencias clave necesarias para dedicarse al desarrollo (in)sustentable (Fadeeva/Mochizuki, 2010). La Universidad Leuphana de Lüneburg (Alemania) ha desarrollado varios enfoques y métodos para aplicar estos conceptos – especialmente la inter- y transdisciplinariedad, la orientación a los problemas y el desarrollo de las competencias clave – en la práctica (comp. Barth/Timm 2011).

Barth et al., (2007) señalan que los entornos para el aprendizaje formal así como informal en las universidades son relevantes para la adquidición de las competencias para el desarrollo sustentable. Se puede afirmar que una cultura de la enseñanza debe ser reemplazada por una cultura de aprendizaje que combina los procesos de aprendizaje académico en contextos formales e informales, y que incluye las competencias desarrolladas en entornos extracurriculares (comp. Rieckmann, 2007). El establecimiento de una cultura de aprendizaje amplía el espacio de aprendizaje y facilita mejores oportunidades de aprendizaje para el desarrollo de competencias orientadas al futuro.

En este contexto también es muy importante el desarrollo de las competencias de los docentes universitarios. Se necesitan programas de capacitación profesional en los cuales los docentes pueden desarrollar sus competencias pedagógicas en general, y en particular sus competencias para aplicar enfoques y métodos de la EDS (comp. Barth/Rieckmann 2012).

Con la Especialización en Educación para el Desarrollo Sustentable la Universidad Técnica del Norte (Ibarra, Ecuador) contribuye al desarrollo de estas competencias en sus docentes.

**Referencias**

Adomssent, M. (2006). Higher education for sustainability: challenges and obligations from a global perspective, en: Adomssent, M./Godemann, J./Leicht, A./Busch, A. (eds.), Higher Education for Sustainability. New Challenges from a Global Perspective, Frankfurt/Main, pp. 10–22.

Adomßent, M.; Godemann, J. & Michelsen, G. (2007). Transferability of approaches to sustainable development at universities as a challenge, en: International Journal of Sustainability in Higher Education 8 (4): 385–402.

Adomssent, M. & Michelsen, G. (2006). German Academia heading for sustainability? Reflections on policy and practice in teaching, research and institutional innovations, en: Environmental Education Research 12 (1): 85–99.

Andrade Cázares, R. A. (2008). El enfoque por competencias en educación, en: Ide@s CONCYTEG, Año 3, Núm. 39: 53–64.

Barth, M. & Michelsen, G. (2013). Learning for change: an educational contribution to sustainability science, en: Sustainability Science 8 (1): 103–119.

Barth, M. & Rieckmann, M. (2012). Academic staff development as a catalyst for curriculum change towards education for sustainable development: an output perspective, en: Journal of Cleaner Production 26: 28–36.

Barth, M. & Timm, J. (2011). Higher Education for Sustainable Development: Students' Perspectives on an Innovative Approach to Educational Change, en: Journal of Social Sciences 7 (1): 16–26.

Barth, M.; Godemann, J.; Rieckmann, M. & Stoltenberg, U. (2007). Developing Key Competencies for Sustainable Development in Higher Education, en: International Journal of Sustainability in Higher Education 8 (4): 416–430.

Cantú Hinojosa, I. L. (2008). Un nuevo reto en la educación superior: la formación de competencias. En: Ide@s CONCYTEG, Año 3, Núm. 39: 65–82.

De Haan, G. (2006). The BLK '21' programme in Germany: a 'Gestaltungskompetenz'-based model for Education for Sustainable Development, en: Environmental Education Research 12 (1): 19–32.

Fadeeva, Z. & Mochizuki, Y. (2010). Higher education for today and tomorrow: university appraisal for diversity, innovation and change towards sustainable development, en: Sustainability Science 5 (2): 249–256.

Harris, G. (2007). Seeking Sustainability in an Age of Complexity, Cambridge.

Hopkins, C. & McKeown, R. (2002). Education for sustainable development: an international perspective, en: Tilbury, D.; Stevenson, R.; Fien, J. & Schreuder, D. (eds.), Education and sustainability: Responding to the global challenge, Cambridge, Gland, pp. 13–24.

Leal Filho, W. (2009). Sustainability at Universities: Opportunities, Challenges and Trends, en: Leal Filho, W. (ed.), Sustainability at Universities – Opportunities, Challenges and Trends, Frankfurt/Main, Berlin, Bern, Brussels, New York, Oxford, Wien, pp. 313–319.

McKeown, R. (2002). Manual de Educación para el Desarrollo Sostenible. Disponible en: http://www.oei.es/decada/Manual_EDS_esp01.pdf (5 de febrero de 2013).

Parkin, S.; Johnston, A.; Buckland, H.; Brookes, F. & White, E. (2004). Learning and Skills for Sustainable Development. Developing a sustainability literate society. Guidance for Higher Education Institutions, en:

http://www.upc.edu/sostenible2015/documents/la-formacio/learningandskills.pdf (5 de febrero de 2013).

Rieckmann, M. (2012). Future-oriented higher education: Which key competencies should be fostered through university teaching and learning?, en: Futures 44 (2): 127–135.

Rieckmann, M. (2009). Developing Shaping Competence in Informal Setting at Universities, en: Adomssent, M.; Beringer, A. & Barth, M. (eds.): World in Transition Sustainability Perspectives for Higher Education, Bad Homburg, pp. 78–84.

Rychen, D. (2003). Key competencies: Meeting important challenges in life, en: Rychen, D./Salganik, L. (eds.), Key competencies for a successful life and well-functioning society, Cambridge/MA., Toronto, Bern, Göttingen, pp. 63–107.

Rychen, D. & Salganik, L. (2003). A holistic model of competence, en: Rychen, D./Salganik, L. (eds.), Key competencies for a successful life and well-functioning society, Cambridge/MA., Toronto, Bern, Göttingen, pp. 41–62.

Stibbe, A. (ed.; 2009). The Handbook of Sustainability Literacy: Skills for a Changing World, Foxhole.

UNESCO – United Nations Educational, Scientific and Cultural Organization (2009): Declaración de Bonn, Word Conference on Education for Sustainable Development, Bonn. Disponible en: http://www.esd-world-conference-2009.org/fileadmin/download/ESD2009_BonnDeclarationESP.pdf (5 de febrero de 2013).

UNESCO – United Nations Educational, Scientific and Cultural Organization (2005): United Nations Decade of Education for Sustainable Development 2005-2014. International Implementation Scheme. Disponible en: http://unesdoc.unesco.org/images/0014/001486/148654e.pdf (5 de febrero de 2013).

Weinert, F. (2001). Concept of Competence: A Conceptual Clarification, en: Rychen, D./Salganik, L. (eds.), Defining and Selecting Key Competencies, Seattle, pp. 45–66.

Wiek, A.; Withycombe, L. & Redman, C. L. (2011). Key competencies in sustainability: a reference framework for academic program development, en: Sustainability Science 6 (2): 203–218.

# DESARROLLO SOSTENIBLE: ¿ES SOSTENIBLE NUESTRO DESARROLLO? UNA REFLEXIÓN


Sofía Castro Salvador

Instituto de Ciencias de la Naturaleza, Territorio y Energías Renovables
Pontificia Universidad Católica del Perú, San Miguel, Perú


*"Salvaguardar el medio ambiente. . . Es un principio rector de todo nuestro trabajo en el apoyo del desarrollo sostenible; es un componente esencial en la erradicación de la pobreza y uno de los cimientos de la paz"* **Kofi Annan.**

## Resumen


Desde inicios del siglo pasado, los niveles de producción y consumo en el mundo han aumentado considerablemente, a pesar de las crisis financieras que el mundo ha atravesado en diversos periodos. El desarrollo económico ha conducido a que el planeta atraviese una crisis energética y ambiental insostenible y está llevándolo a escenarios catastróficos. Nuestro futuro común puede verse amenazado si continuamos con el estilo de desarrollo que vivimos, donde se prioriza el crecimiento económico basado principalmente en el uso de los recursos naturales de manera poco racional. Los ciudadanos de a pie, no son solo victimas también son los propios verdugos de su futuro, del futuro que dejarán a sus hijos. Este comportamiento está provocando cambios ambientales globales, uno de ellos es el cambio climático, que se está presentando como una amenaza sobre todo para los países en desarrollo. El artículo intenta responder, o al menos acercarse, algunas preguntas sobre la sostenibilidad de nuestro modelo de desarrollo actual. ¿Este modelo de desarrollo imperante nos está llevando al camino de la no sostenibilidad y por lo tanto estamos autodestruyéndonos? El artículo inicia con una mirada breve del concepto desarrollo, luego un análisis de los factores antrópicos que influyen en el medio ambiente, en la tercera parte nos preguntamos si estamos en un camino de la sostenibilidad o insostenibilidad y finalmente unas reflexiones a modo de conclusión.

**Palabras Claves:** Cambios ambientales, desarrollo, sostenibilidad, pobreza.


### – ¿Qué entendemos por desarrollo?

Sin ánimos de entrar en profundidad en la teoría del desarrollo. Es importante mencionar brevemente su origen y evolución para entender el contexto económico actual. El término desarrollo alude a la idea de progreso, un concepto bastante antiguo y heredero de la noción occidental antigua y que aparece nuevamente el siglo pasado cuando en 1949, en la toma de mando, el Presidente Norteamericano Harry Truman, menciona en su Four Point Speech la idea de áreas desarrolladas y subdesarrolladas: *"Debemos embarcarnos en un audaz nuevo programa para hacer que los beneficios de nuestros avances científicos y el progreso industrial estén disponibles para el mejoramiento y el crecimiento de las áreas subdesarrolladas".*

Es en los años cincuenta, cuando el término aparece con más regularidad. Los organismos internacionales empiezan a utilizarlo para explicar o justificar las brechas existentes entre los países del norte y los países del sur. El desarrollo, desde entonces, está asociado principalmente con lo económico y en particular con el aumento de la productividad. Los economistas señalan que este último mide la cantidad de producción que una persona puede realizar en una determinada unidad de tiempo, es decir, la productividad —tal como señalan Iguiñiz et al., (2004), *"se logra con los medios de trabajo utilizados y con las energías que se obtienen o que se desencadenan en la naturaleza"*. El fin último del desarrollo para este modelo es aumentar la productividad y esto se logra principalmente a partir de la especialización y de la división del trabajo en el mercado. Lo que importa es que las personas concentren sus esfuerzos en un determinado conjunto de tareas, lo que maximiza a su vez las ganancias y reduce los costos relativos. Samuelson y Nordhaus (1993) señalan que *"la especialización aumenta la productividad y los niveles de vida"*.

Una de las críticas al modelo anterior es que al aumentar la producción, esta no es distribuida de manera equitativa, es decir, la torta se amplía, pero no se reparte en partes iguales para todos, pero aumentar la producción significa también ejercer una presión sobre los recursos naturales. A partir de la década de los años cincuenta se discute sobre nuevos enfoques de desarrollo que surgen como crítica al modelo anterior. Por ejemplo, el modelo de desarrollo con igualdad surge por la desigual distribución del modelo de desarrollo económico, y el modelo de desarrollo como necesidades básicas surge porque el modelo de desarrollo con igualdad no garantiza que las personas mejoren su calidad de vida. En realidad, estos modelos están centrados en las cosas. El primer modelo se pregunta cuantas cosas se produce; el segundo, cuantas cosas se debe distribuir, y el último cuantas cosas se necesita para vivir bien o satisfacer las necesidades básicas de los individuos. Esta mirada de las cosas ha llevado a una cosificación del desarrollo y esto a su vez ha llevado a umbrales críticos de extinción y sobreexplotación de muchos recursos naturales, como el caucho, la anchoveta, guano, entre otros.

La economía y su teoría de la especialización señalan que la especialización aumenta la productividad y, por lo tanto, conduce a mejores niveles de vida de las personas, sin embargo, la evidencia empírica demuestra que el crecimiento económico no necesariamente conduce a un aumento en la calidad de vida de las personas. Sen (1999), en su libro Development as Freedom, señala que el mundo está lleno de contradicciones, por un lado existe opulencia, pero también existen grandes privaciones, destitución y opresión. Y además continúan aún problemas estructurales, como la persistencia de los niveles de pobreza, insatisfacción de necesidades básicas, hambruna, violación a las libertades más básicas y amenazas crecientes al medio ambiente y a la sostenibilidad de la economía y sociedad. Esto sucede en países ricos como en países pobres.

El crecimiento económico per se no es nocivo, al contrario es un beneficio, es una condición necesaria aunque no suficiente para reducir la pobreza. Pero no tomar en cuenta las consideraciones ambientales, puede conducir a más pobreza. Por ello es importante garantizar la sostenibilidad del planeta y la pregunta que podría surgir entonces es si los límites ambientales deben poner un fin al crecimiento económico. Aquí podrían aparecer muchas formas de abordar la relación crecimiento económico y medio ambiente, desde el crecimiento poblacional, del nivel de consumo y de las tecnologías de producción de bienes y servicios (Common & Stagl, 2008), entre otros.

### – ¿La idea de desarrollo ha cambiado?

Al parecer no ha cambiado, el modelo de desarrollo que sigue imperando en nuestros días es el económico, a pesar que ha aparecido una nueva forma de ver el desarrollo de manera más integral, es decir, un desarrollo con crecimiento económico, con mayor equidad social y teniendo en cuenta la capacidad del medio ambiente.

En la década del 70, el mundo empieza a preocuparse con fuerza por el deterioro del medio ambiente. En 1972 se reúnen por primera vez, en Estocolmo, 113 países para discutir sobre cuestiones ambientales internacionales y la situación del medio ambiente. Uno de los principales acuerdos fue que estas cumbres se debían realizar cada diez años para hacer una evaluación de la condición del medio ambiente. Esta cumbre concluyó con una Declaración de la Conferencia de las Naciones Unidas sobre el Medio Ambiente Humano que contiene 24 principios sobre el medio ambiente y el desarrollo, así como un plan de acción con 109 recomendaciones.

En el año 1982 la cumbre mundial se realizó en la ciudad de Nairobi. La idea era que esta fuera la Cumbre Oficial de la Tierra, sin embargo, las circunstancias bélicas derivadas de la Guerra Fría, hicieron fracasar cualquier acuerdo. En el año 1987, la comisión Mundial sobre Ambiente y Desarrollo, liderada por la Primera Ministra Noruega Gro Harlem Bruntland, elaboró el informe "Nuestro futuro común», donde se acuña por primera vez el termino desarrollo sostenible y lo define como: «aquel que garantiza las necesidades del presente sin comprometer las posibilidades de las generaciones futuras para satisfacer sus propias necesidades". Años después, la cumbre en Rio de Janeiro en 1992 marca un hito importante al establecer la agenda 21 y plantear temas claves como el cambio climático, la biodiversidad y la eliminación de sustancias tóxicas.

Una de las premisas importantes en la cumbre de Rio 92 fue que el modelo de producción y consumo predominante es el que ha llevado al deterioro del medio ambiente:

> *"Las principales causas de que continúe deteriorándose el medio ambiente mundial son las modalidades insostenibles de consumo y producción, particularmente en los países industrializados [...]. Aun los niveles actuales de consumo y producción, basados en la superficie productiva media ecológica mundial, superan en un 25% la capacidad ecológica de la Tierra, lo que significa que incluso a los niveles actuales, la humanidad está gastando el capital natural del planeta a un ritmo considerable."*

Esta cumbre se comprometió y estableció convenios en temas como el cambio climático, la diversidad biológica y la lucha contra la desertificación, que luego se ratificaron en protocolos. Protocolos como el de cambio climático en Kyoto, donde los países industrializados se comprometieron a reducir sus niveles de emisión de gases de efecto invernadero (GEI) y se crearon mecanismos de mercado de carbono para compensar estas emisiones a través de los servicios ecosistémicos que los bosques prestan como sumideros de carbono.

En la cumbre mundial de Johannesburgo, en el año 2002, el resultado arrojó que los países no cumplieron con los compromisos acordados en Rio 92, con el consecuente aumento del deterioro de los ecosistemas en general. El hombre se ha convertido en el principal destructor de su bienestar y de su entorno debido a la gran presión que ejerce sobre los recursos naturales y al parecer le es indiferente la sostenibilidad de los mismos. Es un ser más egoísta, solo piensa en el hoy y no piensa en las necesidades y la satisfacción de las generaciones futuras.

El Panel Intergubernamental sobre Cambio Climático (2007), señaló que el "calentamiento del sistema climático es inequívoco" y concluye que con un alta probabilidad una de las causas del cambio climático en el mundo es la concentración de gases de efecto invernadero debido al incremento de las actividades humanas, que sobre todo han aumentado desde la revolución industrial.

El Banco Mundial (2010:2) también enfatiza la actividad del hombre en la relación ingresos y la producción de gases de efecto invernadero:
*"Ha habido una fuerte relación entre mayores niveles de riqueza y prosperidad y mayor producción de gases de efecto invernadero, pero esta relación no es inevitable. No puede decirse lo mismo de algunos modelos de consumo y producción. Aun cuando se excluyan los países productores de petróleo, las emisiones per cápita en algunos países de ingreso alto son cuatro veces mayores que en otros."*

La Figura siguiente muestra claramente el nivel de emisiones según los niveles de ingreso, a pesar de que los países de ingreso bajo aportan menos GEI, su aporte es importante y sobre todo por los cambios en el uso del suelo, es decir, para ampliación de la frontera agrícola se está deforestando los bosques.

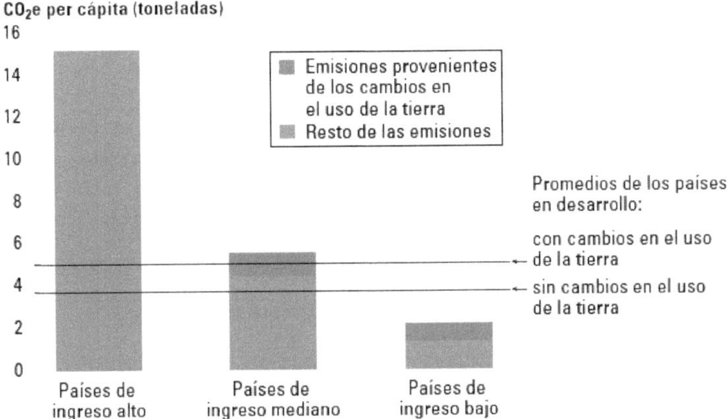


**Fuentes:** Banco Mundial, 2008c; WRI,2008; complementado con los datos sobre emisiones provenientes de los cambios en el uso de la tierra de Houghton, 2009

**Nota:** las emisiones de gases de efecto invernadero corresponden a dióxido de carbono (CO2), metano (CH2), óxido nitroso (N2O) y gases con alto potencial de contribuir al calentamiento mundial (gases fluorados). Todas ellas se expresan en unidades de dióxido de carbono equivalente (CO2e), volumen de CO2 que produciría el mismo calentamiento. En 2005, las emisiones provenientes de los cambios en el uso de la tierra en los países de ingreso alto fueron insignificantes.

El crecimiento económico de los países, o, como ya se mencionó, el modelo de producción y consumo actual, está generando más cantidad de CO2, lo que contribuye a un aceleramiento del cambio climático. Y por otro lado, la sociedad del conocimiento se va expandiendo también, sin embargo, ni el crecimiento económico ni el avance científico están mejorando la calidad de vida de las personas, a pesar de la reducción de los niveles de pobreza, estos persisten en muchas regiones. Frente al contexto del cambio climático, es muy probable que sus impactos causen más pobreza. En el mundo y en América Latina en particular, la pobreza se asienta en el ámbito rural y de acuerdo a diversos estudios (IPCC, 2007; Figueres, 2008 y Stern, 2007) el sector económico que sufrirá mayores impactos es el agrícola, debido a la variabilidad climática.

El cambio climático es una real amenaza para los países en desarrollo, pues complicará aún más la salida de la pobreza de muchas poblaciones que se encuentran bajo este umbral. Según el Banco Mundial (2010):

> *"Una cuarta parte de la población de los países en desarrollo continúa viviendo con menos de US$1,25 al día. Unos 1 000 millones de personas carecen de agua potable; 1 600 millones, de electricidad, y 3 000 millones, de servicios de saneamiento adecuados. La cuarta parte de todos los niños de países en desarrollo están malnutridos."*

Se complica por lo tanto, el logro de los Objetivos de Desarrollo del Milenio. Se proyecta que el cambio climático afectará los modos de vida de la población más pobre, por ejemplo su salud (ODM 4, ODM 5, ODM 6), el acceso al agua, viviendas e infraestructura, educación (ODM 2), igualdad de género (ODM 3), desplazamientos involuntarios, conflictos por la competencia por los recursos, entre otros.

Además del contexto social de los países en desarrollo aún deprimentes, estos países:

> Soportarán la carga principal de los efectos del cambio climático, al mismo tiempo que se esfuerzan por superar la pobreza y promover el crecimiento económico. Para estos países, el cambio climático representa la amenaza de multiplicar sus vulnerabilidades, erosionar los progresos conseguidos con tanto esfuerzo y perjudicar gravemente las perspectivas de desarrollo.

- **¿Estamos en el camino de la sostenibilidad del desarrollo?**

La evidencia empírica nos muestra que estamos alejándonos y yendo por una senda diferente a la de la sostenibilidad. A nivel mundial efectivamente se ha producido un crecimiento económico sostenido. El economista norteamericano Angus Madisson realiza un estimado de datos de PIB y población desde inicios del siglo para mostrar que desde 1820 la economía ha crecido históricamente rápido. Entre 1913 y 2001 la producción en el mundo ha aumentado 13.6 veces, 3.4 veces el tamaño de la población y 4 veces el PIB per cápita.

Pero también ha aumentado las brechas entre los distintos bloques regionales. En el año 1000, Occidente (que incluye, Europa Occidental, Estados Unidos, Canadá, Australia, Nueva Zelanda y Japón) tenía casi el mismo nivel de PIB per cápita que América Latina, a inicios del siglo pasado la relación era de 2.5 a 1 y al finalizar, 3.9 a 1. El crecimiento de este indicador nos muestra, por un lado, la hegemonía económica de los países desarrollados o del norte y, por otro lado, que el aumento de producción en el mundo se puede deber a la necesidad de cubrir las necesidades de una población también en crecimiento.

Previo al periodo de la crisis financiera del 2008, el mundo experimentó niveles de crecimiento económico, los cuales vinieron acompañados de altos niveles de consumo. Según el informe sobre el estado del mundo en el 2004 publicado por el Instituto Worldwatch, desde la década de los sesenta hasta ahora, el consumo se ha cuadriplicado, sin embargo, las personas no son felices, la calidad de vida de la población ha disminuido, sufren más enfermedades, son más vulnerables a riesgos naturales y están expuesto a un deterioro ambiental evidente. "Más de 1700 millones de personas en todo el mundo ingresaron durante gran parte del siglo pasado a la 'clase consumista' y adoptaron dietas, sistemas de transporte y estilos de vida hasta ahora limitados a Europa, América del Norte y Japón [...] El apetito consumidor sin precedentes destruye los sistemas naturales de los que todos dependemos y hace aún más difícil que los pobres satisfagan sus necesidades básicas". Porque además quienes más sufrirán los efectos del cambio climático son los que menos aportan al problema.

Stern (2009: 21) señala que *"aún estamos a tiempo de evitar los peores efectos del cambio climático, pero siempre que emprendamos ya medidas decididas y contundentes"*. Si no se actúa a tiempo, el mundo tendrá una pérdida anual equivalente al 5% del PIB mundial pero si actúa, en términos de costos evitados, le costaría 1% del PIB. Esto nos debe llevar a la reflexión de que necesitamos un modelo de desarrollo que incorpore la sostenibilidad como un aspecto central. El crecimiento económico es importante porque existen necesidades de financiamiento para enfrentar este escenario, pero el crecimiento tiene límites y el umbral lo decide la capacidad de carga del medio ambiente y la satisfacción de las necesidades de las siguientes generaciones.

- **A manera de conclusión ¿Cuál es el tránsito hacia la sostenibilidad? ¿Quién lo debe hacer?**

Muchos autores y organismos internacionales, como el Banco Mundial, señalan que, de continuar con el modelo actual de producción de alto consumo de carbono, las emisiones de CO2 se duplicarían a mediados del siglo, lo que llevaría a escenarios catastróficos, debido al aumento de temperatura por encima de los 5°C. Sin embargo, aún es posible evitar dicho escenario, pero solo si se logra un acuerdo y cambio a través de "una acción mundial concertada para adoptar las políticas adecuadas y tecnologías de bajo consumo de carbono". Con este cambio se podrá lograr tener una trayectoria más sostenible que limite el calentamiento a cerca de 2 °C.

Los niveles actuales de producción y consumo son insostenibles, se necesita más de un planeta para cubrir estos niveles, por ello se requiere un cambio y drástico, en los estilos de vida, patrones de consumo e imposición de "necesidades". El Banco Mundial señala que la recesión económica puede ser vista como una oportunidad pues puede hacer que "los gobiernos canalicen la inversión y estimulen la energía limpia y eficiente para cumplir los objetivos gemelos de revitalizar el crecimiento económico y mitigar el cambio climático".

En la última cumbre mundial realizada en Río de Janeiro, denominada Rio+20, los Estados firmaron el documento "El futuro que queremos", se hace un llamado a los países para que "se adopten enfoques globales e integrados del desarrollo sostenible que lleven a la humanidad a vivir en armonía con la naturaleza y conduzcan a la adopción de medidas para restablecer el estado y la integridad del ecosistema de la Tierra".

La preocupación actual es que uno de los cambios ambientales más importantes, como es el calentamiento global, afecta sobre todo a los países en desarrollo. Por ello la necesidad de adoptar medidas de adaptación al cambio climático en el más inmediato plazo para no empeorar las condiciones de vida de las poblaciones más vulnerables: "las buenas políticas de adaptación son básicamente congruentes con buenas políticas de desarrollo".

En un mundo donde la población cada vez crece más, la sociedad se ha vuelto una sociedad consumista de bienes inútiles en un "planeta que no tiene cómo crecer porque su existencia es limitada y finita". Estos problemas necesitan de respuestas éticas, requieren de un cambio en la visión y el sentido del mundo, en la conducta del individuo con relación a la vida personal, social y a la naturaleza y la producción de bienes y consumo. La bioética en este sentido, aparece para dar orientaciones, pistas a los individuos sobre cómo conducirse de manera individual y en colectivo frente al medio ambiente.

Ante la pregunta quien debe conducir el tránsito hacia la sostenibilidad, la ética nos dice que todos. Todos tenemos responsabilidad, diferenciadas pero contribuimos a esta sociedad que se aleja de la sostenibilidad. La bioética nos dice que debemos actuar ahora pensando en nuestras necesidades, en nuestro entorno, pero también pensando en el futuro, "porque lo que hagamos hoy determinará el clima de mañana y las opciones que configurarán nuestro futuro".

El crecimiento sostenible nos lleva hacia una economía verde donde la gestión de los recursos naturales se realiza pensando en las generaciones futuras, al mismo tiempo que los aprovechamos haciendo el uso necesario de éstos en el presente, lo que constituye un acto de equilibrio fundamental para la sostenibilidad (GWP, 2012).

**Referencias**


Altamirano, Teófilo (2010). Cambio climático y movilidad humana. En: Revista del Observatorio Andino de Migraciones TukuyMigra. Lima: Pontificia Universidad Católica del Perú No. 3, Julio 2010.

Banco Mundial (2010). Informe sobre desarrollo mundial 2010. Desarrollo y cambio climático. Washington: Banco Internacional de Reconstrucción y Fomento/Banco Mundial.

Clarín.com (2004). "Crece el consumo en el mundo: más ricos, más gordos, pero no más felices". Disponible en: http://edant.clarin.com/diario/2004/01/09/i-02201.htm, 09/01/2004.

Common, Michael & Stagl, Sigrid (2008). Introducción a la economía ecológica. Barcelona: Editorial Reverté.

De la Torre, Augusto; Fajnzylber, Pablo y Nash John (2009). Desarrollo con menos Carbono. Respuestas Latinoamericanas al desafío del Cambio climático. Sintesis. Washington: Banco Internacional de Reconstrucción y Fomento.

Figueres, Christiana (2008). The challenge presented by Climate Change in Latin America and the Caribbean. Background paper for the World Bank's Latin American Flagship report on climate Change.
http://www.figueresonline.com/publications/challengecclac.pdf

GWP, Global Water Partnership (2012). Resumen de Política I. Río+20: La seguridad hídrica para el crecimiento y la sostenibilidad. Disponible en:
http://www.gwp.org/Global/GWP-CAm_Files/GWP_Rio20Brief_Spanish_Final.pdf

Iguiñiz, Javier; Ansión Juan; Castro, Sofía; Romero, Catalina; Mujica, Luis y Villacorta, Ana María (2004). Desarrollo humano entre el mundo rural y urbano. Lima: Fondo Editorial de la Pontificia Universidad Católica del Perú.

Madisson, Angus (2005). Growth and Interaction in the World Economy. The Roots of Modernity. Washington: American Enterprise Institute Press.

Organización de las Naciones Unidas (2012). "El futuro que queremos. Documento final de la Conferencia". Rio+20 Conferencia de las Naciones Unidas sobre el Desarrollo Sostenible. Disponible en: https://rio20.un.org/sites/rio20.un.org/files/a-conf.216-l-1_spanish.pdf.pdf

Organización de las Naciones Unidas (2002). "Síntesis. Modelos de consumo y producción". Cumbre de Johannesburgo 2002. Disponible en: http://www.un.org/spanish/conferences/wssd/modelos_ni.htm

Samaniego, José Luis (2009). Cambio climático y desarrollo en América Latina. Santiago de Chile: Naciones Unidas, CEPAL, GTZ, COP15 Copenhague. Disponible en: http://www.eclac.org/publicaciones/xml/7/38147/03_cambio_climatico_resena.pdf

Samuelson, Paul & William Nordhaus (1993). Economía. Decimocuarta edición. Madrid: McGraw Hill.

Sen, Amartya (1999). Development as Freedom. Nueva York: First Anchor Books.

Stern, Nicholas (2007). El Informe Stern. La verdad del cambio climático. Barcelona: Paidos.

Tealdi, Juan Carlos (2008). Diccionario latinoamericano de bioética. Bogotá: Unesco/Red Latinoamericana y del Caribe de Bioética/Universidad Nacional de Colombia.

Valcárcel, Marcel (2007). Desarrollo y desarrollo rural: enfoques y reflexiones. Lima: Departamento de Ciencias Sociales-PUCP.

# CUATRO MITOLOGÍAS BINARIAS APLICADAS A LA SUSTENTABILIDAD EN LA CALIDAD DE VIDA URBANA: EL CASO DE LA CIUDAD DE IBARRA – ECUADOR


Larry Frolich[1], Patricia Aguirre [2] y Fausto Sarmiento [3]

[1] Miami Dade College
[2] Instituto de Posgrado de la Universidad Técnica del Norte
University of Georgia [3]


*"El gran libro, siempre abierto y que tenemos que hacer un esfuerzo para leer, es el de la Naturaleza y los otros libros se toman a partir de él, y en ellos se encuentran los errores y malas interpretaciones de los hombre."* **Antonio Gaudí.**

## Resumen


Analizamos el cambio evolutivo de la especie humana que acompaña el movimiento demográfico al ámbito urbano, con atención a unos con atención a unos supuestos enraizados en el pensamiento tradicional ecológico que no son adecuados para guiar un proyecto de urbanización sureño. Nuestra meta es de revelar el ámbito urbano como un sistema humano-natural, desarrollado en el Sur Global con igual fuerza y éxito como en el Norte Global, donde el funcionamiento de las áreas rurales y las áreas urbanas conlleven con un entendimiento robusto la relación entre la riqueza económica y la pobreza espiritual. Aplicando estos principios, a través de un sistema robusto de análisis de la calidad de vida, esperamos plantear e iniciar un proyecto de análisis y evolución del paisaje urbano enfocado a la zona de los Andes Norte de Ecuador y la ciudad de Ibarra.

**Palabras Clave:** sustentabilidad, urbanización, Ibarra-Ecuador, calidad de vida, socio-cultural, ecología humana.


## Introducción

Durante el siglo XX, la mitad de la población humana ha migrado a las áreas urbanas, principalmente en el hemisferio norte (Hall, 2014; Cohen, 2003; Zimmerman, 1926). La Organización de las Naciones Unidas (ONU) ha determinado que en el año 2013 se llegó al punto de inflexión en que la mayoría de la población mundial vive en ciudades (UN-DESA, 2014). Durante el siglo XXI, la otra mitad de la población, según todas las tendencias demográficas actuales, terminará esta migración, principalmente en el hemisferio Sur (Castles & Miller, 2003; WHO, 2014). Esta creación de la ciudad planetaria llevará hacia la Ecumenópolis en palabras del arquitecto urbanista Apostolos Doxiadis (1974), es decir la unión en el tiempo y en el espacio de las grandes megalópolis en cada continente. Las ventajas del ámbito urbano son numerosas, no solamente por el deseo del vibrante distrito central, sea cultural, bancario o industrial, (Carrión, 2005) sino incluso por las economías de escala, facilidad de provisionar necesidades vitales, la concentración de diversidad humana, la posibilidad de fomentar innovación y fácil acceso a nuevas tecnologías (Johnson, 2006).

A la vez, la migración al ámbito urbano presenta el riesgo de una disminución de la calidad de vida, hasta niveles de miseria entre el segmento pobre de la población (Mingione, 1996; Wratten, 1995). Este proceso de degradación en las áreas urbanas ocurre cuando se pierde el acoplamiento entre el ser humano y la realidad biogeográfica de la zona (Satterhwaite, 2003) ya que no solamente se adquiere una cultura urbana globalizada, sino que se pierde la esencia cultural rural localizada (Sarmiento 2012). Para enfrentar esta problemática proponemos analizar los elementos claves para fomentar una buena calidad de vida, dentro del marco de una ecología integral que incluye el ser humano. En las áreas urbanas modernas del mundo de hoy, la problemática del enfrentamiento entre el ser humano y el mundo "natural" se soluciona con un acercamiento en donde los procesos socio-culturales se reconocen como parte del mundo natural, y en donde las actividades económicas se tratan como ecológicas – es de decir con una dependencia al ecosistema- (Sarmiento & Viteri, 2015).

El efecto de la urbanización sobre la vida del ser humano abarca casi cada aspecto de la vida desde el inicio del Antropoceno, que en los Andes del Norte se ubica alrededor de 14.000 años antes del presente; así que se debería, biológicamente, entender nuestra época como la edad del cambio evolutivo de la especie, igual de importante que la migración de África para habitar el continente norteño euroasiático; o el cambio a un estilo de vida agrícola, sedentario. A nivel del individuo, de la familia, y de la sociedad, cada aspecto de la vida humana cambia en el ámbito urbano. Unos pocos ejemplos:

1. *El aire*. La presencia de contaminantes en la zona urbana cambia drásticamente la calidad del aire y esta correlacionado con altas tasas de enfermedades respiratorias como asma y alergias.
2. *Agua*. La presencia de una red de distribución de agua entubada y alcantarillas para aguas servidas, aunque no siempre presente en zonas urbanas y a veces disponibles en áreas rurales, es un sello de distinción de las zonas urbanas. La red implica el desarrollo de fuentes seguras de agua, plantas de tratamiento, sistemas de regulación de la distribución, y plantas de tratamiento de las aguas servidas. Con la red de agua, la potencialidad de controlar las enfermedades contagiosas es alta, pero el riesgo de disponer agua contaminada también esta presente. Mientras la gente se alivia del trabajo diario de traer agua, se pierde el conocimiento de la fuente del agua, y el sentido de ver el agua directamente en un río o una laguna.
3. *Tierra*. La mayoría de la superficie en la zona urbana, en vez de estar dedicada al sembrío, está pavimentado para caminos y veredas, o encementado con casas, edificios y otras estructuras de necesidad para una población de alta densidad.
4. *Energía*. Una red intensa de distribución de luz eléctrica provee la mayoría de las necesidades de energía en la zona urbana, incluso últimamente la energía para cocinar con estufas eléctricas. En vez de transportarse a pie o a caballo, la gente en la zona urbana depende del uso de vehículos con motores de combustible fósil, sea diésel o gasolina. Para calentar las casas, poco se utiliza ya la madera o el carbón, como es

común en una zona rural, sino se usan instalaciones de gas; con frecuencia en zonas cálidas, se enfría las casas con aire acondicionado con el uso de luz eléctrica.

5. *Alimento*. El reto de distribuir altas cantidades de comida para una población grande en una zona urbana cambia por completo los fuentes, la provisión, el uso y la preparación de la comida. En una zona rural, la comida tal vez llegue directo "de la mata a la olla", muchas veces con la dieta limitada a los productos que están actualmente cosechados o disponibles en el lugar. Los mercados urbanos, aunque a veces de agricultores locales, traen comida de distintas zonas lejanas para la venta. El residente típico de una zona urbana compra su comida con las ganancias de su trabajo en la zona. La presencia de súper-mercados y restaurantes permite la compra de comidas procesadas y cocinadas, a veces traídas de largas distancias, eliminando una gran parte del trabajo de preparar y cocinar la comida, o por lo menos disminuyendo la frecuencia de preparar las comidas. Los desechos de la comida en una zona urbana muchas veces se botan con la basura para los recolectores, en vez de alimentar los suelos o los animales como en una zona rural.

6. *Vivienda*. El estilo de la vivienda, materiales usados para la construcción y la forma de construir, más comúnmente pagando a otras personas en vez de construir uno mismo la casa, son pequeños ejemplos de cómo cambia la estructura de la vivienda. La presencia de servicios como electricidad, tv cable, e internet cambia las actividades de los individuos y familias que viven en la casa. La provisión de muebles y electrodomésticos cambian sus actividades, algo tan sencillo como la presencia de un sofá, más probable en una casa urbana, implica más tiempo sedentario y un cambio drástico en el uso del cuerpo. O la presencia de una máquina lavadora de ropa, libera cantidades de tiempo para estudiar, actividades de pasatiempo u otras actividades de mejoramiento del cerebro, tiempo que en zonas rurales se dedica al trabajo físico de lavar la ropa (Rosling, 2010).

7. *Actividad física*. En la zona urbana, la tendencia es hacia una vida sedentaria con muy poco uso del cuerpo, ni siquiera para transportarse. Los trabajos tienden a requerir largos periodos de tiempo sentados o con poco movimiento, todo aquello implica que en la zona urbana el uso de los músculos para mover el cuerpo está bastante disminuido. Así, las enfermedades provocadas por poca actividad, como obesidad, diabetes tipo II, y cardiovasculares van en aumento en la zona urbana.

8. *Transporte*. La transición del uso de los pies al uso de vehículos motorizados, privados o públicos, implica un gran cambio en el uso del cuerpo, y en las oportunidades de conocer a otras personas (tal vez más frecuentes en el transporte público y menos frecuente en el carro privado). Algunas zonas urbanas son más densas de peatones en las calles, mientras otras zonas urbanas, y particularmente suburbanas en las ciudades del Norte, son completamente vacías de personas en la calle, dado que todos están dentro de las casas, las oficinas o los automóviles.

9. *Educación*. Sistemas educativos en las áreas urbanas tienden a incluir escuelas más grandes, y un nivel de preparación de los maestros más alto. La presencia de varios tipos de escuelas, colegios y universidades resulta en opciones educativas diversas en la zona urbana. Servicios adicionales, como museos, bibliotecas, y librerías está más disponibles en zonas urbanas. Además las redes informales de educación, las

experiencias de una variedad de trabajos, de personas de varias partes, y en el mundo de hoy más posibilidad de interconectividad online resulta en una población que tiene más experiencias variadas en la zona urbana.

10. *Salud.* En el caso de salud, como en la educación, hay una variedad en el nivel de entrenamiento y servicios de salud en la zona urbana. A la vez, encontrar curaciones tradicionales tiende a ser más difícil, aunque las posibilidades pueden ser más variables. Se encuentra servicios altamente tecnificados de la medicina alopática, y a la vez la presencia de diversas tradiciones alternativas de medicina y curación.

11. *Gobierno.* El gobierno de la zona urbana tiende a ser más poderoso con instalaciones más desarrolladas y una base de impuestos más elaborada. El gobierno tiene responsabilidades más amplias como mantener sistemas de caminos, de agua, de alcantarillado, servicios de bomberos y policías, e instalaciones culturales, entre otros.

12. *Estructura de la familia.* En la zona urbana, dado todos los demás cambios, la estructura de la familia tienden a cambiar. Madres y padres más frecuentemente trabajan fuera de la casa. Es menos probable que una familia extendida comparta una sola vivienda. Y el número de niños por familia tiende a bajar sustantivamente. En términos biológicos-evolutivos, la rebaja, muchas veces drástica, de la tasa de natalidad puede ser el impacto más importante de la zona urbana. En zonas rurales, con tasas de natalidad altas, se encuentra familias grandes y una población en crecimiento. En cambio, al migrar a la zona urbana, las tasas de natalidad tienden a bajar, llegando cerca o menos de dos niños por mujer, resultando en poblaciones en declinación. Este cambio demográfico es tal vez uno de los efectos más importantes, a nivel mundial y local, de la urbanización. Un buen análisis de las raíces y consecuencias este famoso "demographic shift," bajo los preceptos nuestros de deconstruir la separación de los elementos binarios, queda para hacer.

Así, con estos pocos ejemplos, se ve cómo es tan significante para la vida humana el proceso de la urbanización. La tendencia mundial de mudarse a la zona urbana, siguiendo la tendencia de conurbación y la teoría urbanística de la ciencia equística (Doxiadis, 1968) sugiere que la calidad de vida se incrementa de alguna manera en la zona urbana, o por lo menos, existe la percepción que la calidad de vida es mejor en la ciudad. A la vez, la miseria no se elimina con el cambio a la vida urbana, y es muy necesario analizar qué fuerzas determinan la manera en que las ciudades crecen, y cuáles son los elementos clave para apoyar a que el movimiento migratorio hacia la ciudad resulte en mejoramientos, y *no* en disminuciones, de la calidad de vida.

Como primera etapa, delineamos cuatro sistemas binarios. En cada sistema, los dos elementos, comúnmente entendido como opuestos, han mal guiado muchos intentos de crear zonas urbanas en favor de la calidad de vida. Nosotros promovemos un cambio para que los supuestos elementos opuestos en conflicto se entiendan mejor como binarios. En un sistema binario, los dos elementos, en vez de estar en conflicto, o visto como fuerzas opuestas, se entiende como corolarios- es de decir que uno depende del otro (Elbow, 1993). Ejemplos de sistemas binarios incluyen, en la astronomía las estrellas binarias que orbitan la una alrededor la otra en elipse (Schlosser et al., 1991), o en la computación el sistema de enumeración más básico que emplean los circuitos integrados o compuertas lógicas de ceros y unos. Dentro del marco de la urbanización y la ecología humana, hemos llegado a analizar cuatro sistemas binarios, que tienen una mitología fuerte de conceptos opuestos, pero que mejor se debería entender como binarios:

*Humano-Natural:* Con raíces en la cultura judeo-cristiana desde la narrativa de la creación de la Biblia, desarrollado como parte integral de la cultura occidental, viene el sentido de una lucha entre lo que hace el ser humano, y lo que pasa en el mundo "natural," entendido como un mundo aparte (Dove & Kammen, 2015; Glacken, 1967). En el siglo XX, acompañando la urbanización y la nueva industria de turismo (Wilson, 1991), vino la idea de preservar y conservar la naturaleza en regiones y zonas designadas como parques, reservas o áreas de vida silvestre (Sellars, 1997; Wilson, 1991). Parte del orgullo de la cultura occidental es el hecho de formar parte de toda una rama de la ciencia designada "ecología" o designada "ciencias ambientales," con enfoque en las áreas y regiones naturales, lo que da una sustancia real a lo que se revela. Pero un análisis profundo sugiere un supuesto conflicto entre el ser humano y la naturaleza. Este conflicto, incorporado dentro de las ciencias ambientales, se entiende mejor como una construcción cultural. La idea de una naturaleza aparte del ser humano es, simplemente, falsa, o construida culturalmente (Frolich & Guevara, 2015; Sarmiento, 2003). Las religiones y creencias fundamentales de las culturas orientales integran al ser humano dentro de un mundo completo en donde solo se entiende la naturaleza en términos de su correlación con el ser humano (Barnhart, 1997; Kellert, 1995). Así, entonces, lo humano y lo natural funcionan como binario, no en conflicto, sino revolucionando juntos, con el afán que las órbitas sean harmoniosas, especialmente en las áreas urbanas donde viven la mayoría de los seres humanos. *Hasta no aceptar que el mito de lo "prístino" ha sido ya desmitificado por los geógrafos (Denevan, 2011) y ecólogos (Balée, 2014) contemporáneos, para una zona urbana en comparación a un parque nacional, no avanzaremos en proveer mejor calidad de vida a la gran demografía urbanizada del siglo XXI.*

*Sur-Norte.* Desde el inicio de la edad de la exploración, y con la formación de los imperios holandés, portugués, español e inglés, la división occidental-oriental dominaba nuestro entendimiento de la geografía global (Lewis & Wigen, 1997). Pero con la industrialización y con la llegada al siglo XX, conocido como el siglo "Americano" reflejando la ascendencia del imperio estadounidense (Slater, 1995) existe una tendencia de ver las divisiones globales en términos Norte-Sur, con la idea de que las poblaciones de los países del Norte, en las Américas y en Europa, viven en urbes sofisticadas, y los poblaciones del Sur viven en zonas rurales "en el campo" o sus urbes son formadas de barrios marginales como los *cortiços* de São Paulo, las *favelas* de Río de Janeiro o los *tugurios* de Quito (Perlman, 1979; Carrión, 2005). *Pero la realidad es que las ciudades del Sur tienen su propio desarrollo, a veces históricamente más antiguo que las ciudades del Norte, y la mitad de la población del Sur Global ya está radicada en áreas urbanas en las llamadas ciudades primas.* Además, las áreas geográficas sureñas tienen sus propias raíces culturales. Entonces, sería más interesante entender cómo las economías y las tendencias culturales del Sur y del Norte se envuelven y se inter-dependen, como un sistema binario.

*Urbano-Rural.* Sin duda, la dedicación de terrenos extensos a la agricultura define una zonificación distinta, donde no se puede concentrar poblaciones masivas de seres humanos, como en una zona urbana. Sin embargo, dado que la agricultura, o mejor dicho la luz del sol, forma la base energética para la sobrevivencia de casi toda la vida del planeta, es mejor pensar en cómo se complementan estas dos zonas, y como también se puede compartir el entendimiento de lo rural con lo urbano. En tiempos de crisis, siempre hemos visto una conversión de terrenos urbanos en huertos, como por ejemplo los jardines de victoria en los Estados Unidos durante la Segunda Guerra Mundial (Thone, 1943), o los jardines urbanos de Cuba que aparecieron con la terminación de subsidios agrícolas de la ex-Unión Soviética (Endres & Endres, 2009). *Una ciudad típica, aunque sea en el Norte o en el Sur, difícilmente proveerá su propia base energética-agrícola. Pero reconociendo el binario con las zonas rurales, se llegará a un análisis que integra principales zonas rurales con zonas urbanas en favor de mejorar la calidad de vida urbana con mayores cinturones verdes, parques, jardines y viveros.*

*Riqueza-Pobreza.* El entendimiento típico de la riqueza y la pobreza es una escala económica, con un supuesto que el afán de todos es ponerse en camino hacia el lado de la riqueza. Pero en realidad, viendo profundamente las necesidades completas del ser humano (según, por ejemplo, Max-Neef, 1989 y otros, como Elkins & Max-Neef, 1992, Green, 2014), la riqueza económica no soluciona la búsqueda de la calidad de vida. Como binario, se entiende que la riqueza no solo se trata de asuntos económicos, y que existe una tendencia de la disminución de la riqueza espiritual cuando suba el nivel de riqueza económica. Entonces, si se entiende la urbanización en términos económicos como movimiento hacia la riqueza – reconociendo que la mayoría de los indicadores de riqueza económica son mayores en zonas urbanas (Bloom et al., 2008)- no se toma en cuenta el efecto de la pérdida del sentido espiritual que pueda acompañar la urbanización. Por ejemplo, al llegar a comprar un andador para un bebé, una compra económica que releve los brazos de los padres del trabajo de cargar al infante, se pierde el sentido de la conexión física que viene de estar constantemente en contacto con el bebé. *Entones, con una apreciación de riqueza-pobreza como binario, y la incorporación de un sentido completo de riqueza que incorpore lo espiritual, se llega a una realidad que ayude a entender y mejorar la calidad de vida.*

Nuestra meta, entonces, es de dispensar con las mitologías y revelar el ámbito urbano como un sistema humano-natural, desarrollado en el Sur Global con igual fuerza y éxito como el Norte Global, en donde el funcionamiento de las áreas rurales y las áreas urbanas conlleven con un entendimiento robusto a la relación entre riqueza económica y pobreza espiritual, este último con el impacto más directo en la calidad de vida humana.

- **La ciudad sustentable, calidad de vida y el proyecto Ibarra verde**

El movimiento ambientalista, del hecho concebido y elaborado dentro del marco cultural de los cuatro binarios (pero entendido como opuestos, no binarios), ha sido la luz guiadora de muchos proyectos alternativos de desarrollo urbano. No es muy común que un proyecto de diseño urbano emplee directamente ecologistas o biólogos humanos. Es mucho más probable que el proyecto esté dirigido por arquitectos o paisajistas urbanos, quienes tomen como preceptos los principios de los ambientalistas tradicionales, tales principios basados en el mal entendimiento contemporáneo de los binarios nuestros. Unos ejemplos de los resultados típicos, y normalmente vistos como "avanzados" o "verdes" de ver los elementos de nuestros binarios en conflicto: 1. Basado en la mitología de la separación del ser humano y la naturaleza, que la ciudad incorpore áreas verdes que imiten a la naturaleza; 2. Basado en la mitología de una división global Norte-Sur, que la tendencia norteña, de desarrollar un solo centro urbano sea la más adecuada para todo el mundo; 3. Basado en la falsa separación de lo rural y lo urbano, que la ciudad, con sus áreas verdes "naturales" diseñando con emulación a los del Norte, nunca sea un lugar de producción agrícola; 4. Basado en el supuesto de siempre buscar riqueza económica, que el consumismo sea lo que dañe el ambiente y el ser humano tenga que privarse para realizar un ambiente urbano más sustentable o verde.

Existen actualmente, ya realizados y otros en camino, numerosos proyectos de "la ciudad verde," "la ciudad sustentable" o la "ciudad saludable" (Fit City); y sin duda, muchos de ellos han obtenido grandes logros. Vemos ciudades con una infraestructura alternativa de transporte, incluyendo carriles para bicicletas inteligentemente realizadas, permitiendo que la gente se movilice sin estresarse mientras mejoran su estado de salud. Vemos ciudades con parques bien diseñados a donde la gente disfruta de las oportunidades de recreo, o de caminar por un bosque, o simplemente disfrutar de estar en el ambiente, socializándose, conociendo algo diferente. Pero hace falta un análisis profundo, donde el proyecto se base en un entendimiento del enlace entre economía y ecología, donde el diseño toma en cuenta los verdaderos elementos de un bienestar completo, o para utilizar el concepto autóctono andino, en donde el *sumak kawsay*, o el Buen Vivir es el principio guiadero. En este escenario, la ciencia se utiliza a servicio del Buen Vivir. Las raíces culturales y la falsedad de ver nuestros binarios con sus elementos divididos, nos hace pensar que la ciudad es la antítesis de la naturalez. Pero reconociendo la dependencia de los elementos de nuestros binarios, mejor se ve la ciudad como un ser, o un eco-econo-sistema evolutivo con oportunidades y posibilidades de mejorar la verdadera calidad de vida del ser humano. En este escenario, no es solo cuestión de diseñar más parques o carriles de bicicleta, sino aprovechar de los fundamentos de los seres que viven en la ciudad, que traen sus propios conocimientos y que son capaces de desarrollar un sistema urbano de sustento, un sistema verde en el sentido que incluya el ser humano dentro de la ecología igual que la economía, y un sistema que sea profundamente enraizado en el lugar.

Para realizar este tipo de evolución urbana, en un lugar como Ibarra-Ecuador, debemos primeramente fijarnos en cómo medir o analizar la calidad de vida, o bienestar. Este tema no es fácil de solucionar porque las medidas tradicionales, más que todo el PIB (Producto Interno Bruto), vienen basados culturalmente en la idea de que el ser humano no forma parte de la naturaleza y que la ciudad es principalmente zona de consumo o producción industrial, ya que lo único que requiere el ser humano es riqueza económica. Pero si fácilmente rechazamos el PIB, u otras medidas accesorias, ¿con qué lo remplazamos?. Inevitablemente, una medida de calidad de vida viene con unos supuestos culturales, y hasta unos criterios individuales del investigador. Tal vez lo más que se espere sea seleccionar, de algunas ideas alternativas, las que más convengan en nuestro medio. Y siempre con la sugerencia de comprobar por medio de la investigación, tal vez como parte del proyecto Ibarra Verde, la sustancia de nuestras ideas sobre calidad de vida.

Varias ramas del movimiento ambientalista han propuesto alternativas para la medición del bienestar de una población, o de un país. Estas mediciones (ver Tabla 1 para una lista parcial) tienden a incluir dos elementos que los autores reclaman que son ausentes en la medición del PIB. Uno es la incorporación del uso o gasto de recursos ambientales, y el otro es alguna consideración del estado psicológico, normalmente entendido como la "felicidad" de las personas. A pesar de presentar alternativas, es importante reconocer que estas mediciones todavía vienen inculcadas dentro de la cultura occidental, en primera instancia con el supuesto que la naturaleza y sus recursos todavía existen aparte y separados del ser humano; y en el segundo caso que la psicología humana es algo medible. En su defensa, algunas mediciones, poco aplicadas, sí intentan incorporar una rica diversidad de factores que afecta la calidad de vida, y que se puede entender como sinergias en la parte del bienestar, entre ellos el HDI (Human Development Index), SSI (Small – Scale Integration), y CIW (Canadian Index of Wellbeing) (ver Tabla 1).

**Tabla 1.** Lista parcial de alternativos al PIB para medir actividad económica/ecológica y sus consecuencias para el bienestar humano

| Nombre del Indicador | Quien ha desarrollado el indicador | Como es diferente del PIB | Sitio Web |
|---|---|---|---|
| Bienestar Económico Sustentable (ISEW) *Indicator of Sustainable Economic Welfare* | Amigos de la Tierra *Friends of the Earth* | Incluye factor que contabiliza las inequidades económicas en varios indicadores ambientales naturales y humanos. | http://www.foe.co.uk/progress/java/ServletISEW |
| Estimadores de Riqueza *Wealth Estimates* | *Banco Mundial The World Bank* | Incluye Capital Producido, Natural e Intangible. | http://web.worldbank.org/WBSITE/EXTERNAL/TOPICS/ENVIRONMENT/EXTDATASTA/0,,contentMDK:21062106~menuPK:2935516~pagePK:64168445~piPK:64168309~theSitePK:2875751~isCURL:Y,00.html |
| Ahorros Netos de Ajuste *Adjusted Net Savings* | Banco Mundial *The World Bank* | Incluye la taza verdadera de ahorros después de invertir en capital humano y la degradación de recursos naturales y contaminación. | http://web.worldbank.org/WBSITE/EXTERNAL/TOPICS/ENVIRONMENT/EXTDATASTA/0,,contentMDK:21061847~menuPK:2935516~pagePK:64168445~piPK:64168309~theSitePK:2875751~isCURL:Y,00.html |

| Índice de Desarrollo Humano, y indices relacionados *Human Development Index (HDI) and related indices* | Programa de Desarrollo de las Naciones Unidas *United Nations Development Programme* | Mide logros humanos basados en una vida larga y saludable, acceso a conocimientos y un estándar de vida decente. | http://hdr.undp.org/en/statistics/indices/ |
|---|---|---|---|
| Índice de Desempeño Ambiental *Environmental Performance Index (EPI)* | Universidad de Yale *Yale University* | Seguimiento de categorías de políticas ambientales, salud pública y vitalidad de ecosistemas. | http://epi.yale.edu/ |
| Índice de Sustentabilidad Ambiental *Environmental Sustainability Index (ESI)* | Universidad de Yale *Yale University* | Compuesto de indicadores socioeconómicos, ambientales e institucionales. | http://www.yale.edu/esi/ |
| Índice Social Sustentable *Sustainable Society Index (SSI)* | Fundación para una Sociedad Sustentable *Sustainable Society Foundation (SSF)* | Incluye 24 categorías relacionadas con el bienestar humano, bienestar ambiental y bienestar económico | http://www.ssfindex.com/ |
| Índice Canadience de Bienestar *Canadian Index of Wellbeing (CIW)* | Red Canadiense del Índice de Bienestar *Canadian Index of Wellbeing Network* | No es un solo índice sino información en muchas categorías de bienestar: estándar de vida, poblaciones saludables, vitalidad de la comunidad, compromiso democrático, uso de tiempo, ocio y cultura, educación | http://www.ciw.ca/en/Home.aspx |
| Huella Ecológica *Ecological Footprint* | Red Global de Huella *Global Footprint Network* | Mide cuán rápido se consumen recursos y se generan desechos comparados con cuán rápido nuevos recursos pueden generarse y absorber los desechos. | http://www.footprintnetwork.org/en/index.php/GFN/ |
| Felicidad Nacional Bruta *Gross National Happiness* | Centro de Estudios de Bután *The Centre for Bhutan Studies* | Incorpora bienestar psicológico, uso de tiempo, vitalidad de la comunidad, cultura, salud, educación, diversidad ambiental, estándar de vida y gobernación | http://www.grossnationalhappiness.com/gnhIndex/introductionGNH.aspx |
| Índice del Planeta Feliz *Happy Planet Index (HPI)* | Fundación Nueva Economía *New Economics Foundation* | Parámetros de bienestar personal y social, basado en ideales de la cultura occidental | http://www.happyplanetindex.org/ |

Tal vez el intento más ambicioso de sistematizar el bienestar humano, dentro de un marco económico-ecológico-social-cultural auténticamente latinoamericano es el desarrollado por el famoso economista chileno Manfred Max-Neef. Sus nuevas necesidades fundamentales del ser humano son interesantes en su complejidad, y el hecho que no forman una jerarquía, sino son todos igualmente necesarios para que el ser humano tenga una vida plena o completa; es de decir, el afecto se entiende igualmente importante que el sustento; es el caso contrario a todos los supuestos de los otros marcos del pensamiento económico occidental, en donde el sustento económico se toma por dado como más importante que cualquier aspecto espiritual de la vida. Así, se concluye, según las mediciones tradicionales, que lo primordial para el desarrollo, aunque sea a nivel internacional o a nivel urbano, es asegurar la comida, la vivienda y una base económica, no importa si eso viene con una pérdida total del afecto, la participación o la identidad. Pero ¿porqué realmente es más importante comer, o simplemente porqué es más fácil lograr proveer comida que defender la identidad, la libertad o el afecto?. En el caso del sistema de las nueve necesidades humanas de Max-Neef, no se da prioridad a las necesidades físicas/económicas sobre las necesidades espirituales/sociales.

**Tabla 2.** La matriz de las nueve necesidades básicas humanas

| Necesidades según categorías Existenciales / Necesidades Según categorías Axiológicas | Ser | Tener | Hacer | Estar |
|---|---|---|---|---|
| **Subsistencia** | 1/ Salud física, salud mental, equilibrio solidaridad, humor, adaptabilidad | 2/ Alimentación, abrigo, trabajo | 3/ Alimentar, procrear, descansar, trabajar | 4/ Entorno vital, entorno social |
| **Protección** | 5/ Cuidado, adaptabilidad, autonomía, equilibrio, solidaridad | 6/ Sistemas de seguros, ahorro, seguridad social, sistemas de salud, legislaciones, derechos, familia, trabajo | 7/ Cooperar, prevenir, planificar, cuidar, curar, defender | 8/ Contorno vital, contorno social, morada |
| **Afecto** | 9/ Autoestima, solidaridad, respeto, tolerancia, generosidad, receptividad, pasión, voluntad, sensualidad, humor | 10/ Amistades, parejas, familia, animales domésticos, plantas, jardines | 11/ Hacer el amor, acariciar, expresar emociones, compartir, cuidar, cultivar, apreciar | 12/ Privacidad, intimidad, hogar, espacios de encuentro |
| **Entendimiento** | 13/ Conciencia crítica, receptividad, curiosidad, asombro, disciplina, intuición, racionalidad | 14/ Literatura, maestros, método, políticas educacionales, políticas comunicacionales | 15/ Investigar, estudiar, experimentar, educar, analizar, meditar, interpretar | 16/ Ambitos de interacción formativa: escuelas, universidades, academias, agrupaciones, comunidades, familia |

| | | | | |
|---|---|---|---|---|
| **Participación** | 17/ Adaptabilidad, receptividad, solidaridad, disposición, convicción, entrega, respeto, pasión, humor | 18/ Derechos, responsabilidades, obligaciones, atribuciones, trabajo | 19/ Afiliarse, cooperar, proponer, compartir, discrepar, acatar, dialogar, acordar, opinar | 20/ Ámbitos de interacción participativa: partidos, asociaciones, iglesias, comunidades, vecindarios, familias |
| **Ocio** | 21/ Curiosidad, receptividad, imaginación, despreocupación, humor, tranquilidad, sensualidad | 22/ Juegos, espectáculos, fiestas, calma | 23/ Divagar, abstraerse, soñar, añorar, fantasear, evocar, relajarse, divertirse, jugar | 24/ Privacidad, intimidad, espacios de encuentro, tiempo libre, ambientes, paisajes |
| **Creación** | 25/ Pasión, voluntad, intuición, imaginación, audacia, racionalidad, autonomía, inventiva, curiosidad | 26/ Habilidades, destrezas, método, trabajo | 27/ Trabajar, inventar, construir, idear, componer, diseñar, interpretar | 28/ Ámbitos de producción y retroalimentación: talleres, ateneos, agru-paciones, audiencias, espacios de expresión, libertad temporal |
| **Identidad** | 29/ Pertenencia, coherencia, diferenciación, autoestima, asertividad | 30/ Símbolos, lenguajes, hábitos, costumbres, grupos de referencia, sexualidad, valores, normas, roles, memoria histórica, trabajo | 31/ Comprometerse, integrarse, confrontarse, definirse, conocerse, reconocerse, actualizarse, crecer | 32/ Socio – ritmos, entornos de la cotidianeidad, ámbitos de pertenencia, etapas madurativas |
| **Libertad** | 33/ Autonomía, autoestima, voluntad, pasión, asertividad, apertura, determinación, audacia, rebeldía, tolerancia | 34/ Igualdad de derechos | 35/ Discrepar, optar, diferenciarse, arriesgar, conocerse, asumirse, desobedecer, meditar | 36/ Plasticidad espacio – temporal |

**Fuente:** Max-Neef (1989)

Pero el verdadero poder de la perspicacia de Max-Neef viene de los cuatro verbos que utiliza para dar realidad a las necesidades humanas, en donde se entiende que la realización de una necesidad tiene su propia complejidad. Así su matriz (ver tabla 2) incluye cuatro categorías o columnas verbales para cada necesidad:

> *La columna del SER registra atributos personales o colectivos, que se expresan como sustantivos. La columna del TENER registra instituciones, normas, mecanismos, herramientas (no en sentido material), leyes, etc., que pueden ser expresados en una o más palabras. La columna del HACER registra acciones personales o colectivas que pueden ser expresadas como verbos. La columna del ESTAR registra espacios y ambientes (Max-Neef, 1989).*

La economía de Max-Neef, no es una ciencia de mediciones cuantitativas; por lo tanto, no se ha desarrollado ningún intento de sistematizar numéricamente las nueve necesidades fundamentales. Y tal vez, como parte del mensaje de Max-Neef, es el hecho que no se puede reducir el bienestar social o el *sumak kawsay* a un simple número. Pero ¿cómo procedemos con la meta de proyectar un desarrollo o crecimiento urbano al futuro con el afán de aumentar la calidad de vida?. Una respuesta es que el hecho de proyectar a futuro involucra mediciones en base de la cultura occidental, y que esta formulación de proyectos no es aplicable a la meta. Tal respuesta se merece una sincera consideración y existe algunas justificaciones a favor de abandonar la idea de dirigir el desarrollo a través de los proyectos economicistas típicos de los países del Norte.

A la vez, se nota dentro de las necesidades de Max-Neef, "Entendimiento" con el Hacer de "investigar, estudiar, experimentar, educar, analizar, meditar, interpretar" y "Creación" con el Hacer de "trabajar, inventar, construir, idear, componer, diseñar, interpretar." Con este espíritu, se toma como reto por lo menos investigar y hacer disponible las condiciones y las situaciones urbanas en que nos encontramos, las experiencias que se han obtenido en otras áreas urbanas, todo con un reconocimiento de que el futuro de las necesidades básicas del ser humano está en el ámbito urbano. Tal vez, el proyecto trata nada más de juntar información, hacerla disponible dentro de un marco amplio del bienestar, algo que Max-Neef nos provee con sus años de pensamientos y sabidurías, y permitir que los mismos pobladores realicen a su manera de evolución, el cambiar e influenciar sus destinos hacia el porvenir.

Entonces, ¿cómo entenderemos, en términos reales de una zona urbana típica como Ibarra-Ecuador, la proyección hacia el futuro con el afán de mejorar calidad de vida, o estimular el Buen Vivir?. Al romper, o mejor unir, los elementos de nuestros cuatro binarios, podremos crear un espacio conceptual para iniciar, con el afán de convertirlo en algo real (o por lo menos digital/virtual), para fomentar el desarrollo de la calidad de vida, tal vez mejor entendido dentro del marco de las nueve necesidades de Max-Neef. Es un reto grande, pero se inicia con pautas pequeñas. Regresemos a los cuatro binarios y avistaremos un futuro donde, con el reconocimiento del binario, trabajaremos en favor del buen vivir y las nueve necesidades humanas.

### – Viendo lo humano dentro de lo natural en una ciudad como Ibarra

Hemos visto algunos intentos de reconciliar la división humano-natural de parte de los economistas y los ecologistas. En el sistema de la "economía ecológica," primeramente expuesto por el economista Herman Daly (1999) se entiende al sistema económico-humano, funcionando dentro de un marco más grande, formado por los ecosistemas globales. En este concepto, el marco de la naturaleza forma un limitante en el crecimiento de la economía humana, en forma de restringir la cantidad de energía, materia prima y servicios que existen de absorción de deshechos. La mayoría de los ambientalistas tradicionales aceptan esta forma de pensar. Pero, otros economistas critican que la tecnología permite sobrepasar los aparentes límites de la naturaleza, y que el limitante es el ser humano, no la naturaleza. En el tema de la energía, los datos crudos de la física sugieren que cada hora, a través de los rayos del sol, cae a la superficie de la tierra una cantidad de energía que abastecería las necesidades humanas para todo el año. Entonces, al menos en este caso, es la tecnología, no la cantidad en sí de energía que es la limitante. A la vez, los nuevos ambientalistas (Lovins, 2011; Shellenberger & Nordhaus, 2007) prefieren entender la crisis ecológica como oportunidad, con el afán de solucionar los problemas con la aplicación de tecnología, sin tomar en cuenta la calidad de vida del ser humano. Aunque ellos critican el ambientalismo tradicional por su negativismo, ellos también ven una crisis económica, con raíces en la división entre ser humano y la naturaleza, y proponen principalmente soluciones tecnológicas, sin consideración de la calidad de vida o Buen Vivir de los seres humanos.

El Proyecto Ibarra Verde, espera romper la división entre las soluciones tecnológicas y la calidad de vida. Esperamos enfatizar el binario de la correlación entre el ser humano y la naturaleza, y la necesidad de convertir la ciudad en un ambiente humano – ecológico. La primera etapa es un análisis al fondo de los elementos del ambiente que alimentan, o que dañan las nueve necesidades del ser humano. Dentro de este análisis, tomamos como primordial, al ser humano dentro de un ambiente ciento por ciento natural, es decir consideramos, como ecólogos, las casas de hormigón, las plantas y animales domesticados igual que los "silvestres" que habiten estos ambientes y las calles, sistemas de transporte, energía, etc., como un ecosistema total a donde el ser humano busca su Buen Vivir. Pensamos iniciar con un nuevo estilo de mapeo, en el cual se ubica los puntos y elementos claves geográficamente, para permitir la involucración de la población, como contribuidores al entendimiento del ecosistema, aprovechando del enlace digital, y el crecimiento de conmutadores móviles como teléfonos y tabletas para constantemente mejorar el mapeo, y el entendimiento del flujo urbano que resulta. Como puntos de inicio, pensamos enfocar en la movilización y transporte, las fuentes de comida, y la provisión de servicios de salud y educación.

En el Ecuador (tal como en el resto del mundo) es importante plantearse soluciones locales, con conocimiento situado e informado del conocimiento ecológico tradicional, para proponer la creación de los paisajes culturales patrimoniales, no como elementos arcaicos o piezas de museos, sino más bien como elementos de enlace para los binarios que permitan afianzar la identidad andina, en lo que se ha dado en llamar "el trilema de Sarmiento" (Sarmiento, 2013). Al afianzar las interrelaciones entre la "Ecuatorianidad" (lo físico), la "Ecuatorancia" (lo psicológico), y la "Ecuatorianitud" (lo espiritual), se aspira a que la identidad andina de Ibarra se mantenga en el flujo entre la tríada que guía los binarios. Particularmente con la declaración de sitios sagrados en la cuenca del Imbakucha, la declaración de ciudades patrimoniales en Ibarra y en la construcción del mayor complejo científico en el Ecuador con el campus de Yacha Tech, se requiere una planificación armónica, no ortodoxa para el patrimonio biocultural, incluyendo la biodiversidad y la diversidad cultural indígena, afroecuatoriana y mestiza; incluyendo, las complejas interacciones de migración colombiana y la presión por crecimiento comercial e industrial en el área circundante a Ibarra.

En cuanto a la alimentación el proyecto pretende que exista una comprensión que está vinculada con lo cultural y a la vez con el bienestar de la población en cuanto a salud basada en una buena nutrición. Este es un proceso que se ha iniciado con el consumo de alimentos producidos regionalmente en las ferias de agricultores, sin embargo es necesario que estas iniciativas sean mayormente difundidas y entendidas desde las cuatro dimensiones de la sustentabilidad así:

1. Fomentar y apoyar las formas sostenibles de cultivo para la conservación de los ecosistemas naturales;
2. Apoyar a los pequeños agricultores en tener ingresos económicos dignos, y;
3. Fomentar la conservación de la cultura y las relaciones sociales tanto en la organización como en relacionamiento entre agricultores.

### – **El rechazo de la primacía del norte**

Aunque siempre es valioso aprender de otras experiencias, queremos enfatizar que el Proyecto Ibarra Verde pretende iniciar con lo autóctono del Sur global por dos razones. El primero es obvio, que Ibarra es una ciudad del Sur, y en sí, se debería asegurar que el crecimiento y el desarrollo de la ciudad se base en principios que viene de la región. No se debe decir que nunca se aplicaran ideas de otras partes, pero siempre con cuidado de la adecuación al ecosistema local. A veces es bueno introducir otras especies, otras ideas de crecimiento, o sistemas de organización que tengan una antecedencia en otro lado. Pero hay que reconocer el peligro de aceptar, sin cuestionar, lo que viene de afuera. El segundo, analizando bien el binario Sur-Norte, es especialmente importante rechazar la primacía del Norte, porque el legado del colonialismo da un supuesto psicológico-social en adorar y seguir cualquier idea, producto o hábito, simplemente porque se tiene procedencia del Norte, ya que el Norte se considera como más avanzado, más rico y con mejores conocimientos.

Es importante entender el legado del colonialismo y las raíces de la habilidad de las culturas europeas de dominar en las Américas. Como se ha analizado a fondo, nunca hubo algo intrínsecamente más valioso en los conocimientos de los europeos, o en sus habilidades (Diamond, 1999), sino simplemente la ventaja de haber desarrollado armas más avanzados, enfermedades pasosas de los animales domesticados, y otras tecnologías de acero que ayudaron en conquistar las Américas. Pero las tradiciones indígenas de las Américas, y en particular de los Andes, llevan su propio entendimiento, sus raíces históricas profundas (Mann, 2006) y son fácilmente aplicadas a la calidad de vida del ser humano (como vemos en los movimientos nacionales hacia el Buen Vivir o *sumak kawsay*). Entonces, al analizar la urbanización dentro del contexto de las Américas y los Andes, un reconocimiento de la primacía del Sur, y el binario del Sur-Norte a nivel global es esencial. En el Proyecto Ibarra Verde, esperamos abrir lugar para incorporar las tendencias, entendimientos y tecnologías que son auténticamente autóctonas sureñas. Por ejemplo, aplicando el trilema de Sarmiento, se requerirá definir lo que es la "Ibarranidad", en el sentido construido de la ciudad blanca a la que siempre se vuelve, o *Ibarra Arquitectónica*. También se definirá lo que es la "Ibarrancia", en el sentido del comportamiento empresarial, de gestión cultural y comportamiento social acogedor como reflejo culinario de nogadas y helados de paila, o *Ibarra Imaginada*. Sin embargo, fundamentalmente como un ejercicio de aplicación del análisis de los binarios, se definirá la "Ibarranitud" en el sentido de la nueva ética ambiental, la mística y religiosidad expresada en las relaciones con el binario urbano-rural, o *Ibarra Profunda* (Sarmiento, 2013).

### – La producción urbana – trayendo la finca a la ciudad

La alimentación está vinculada con lo cultural y a la vez con el bienestar de la población en cuanto a salud basada en una buena nutrición. Últimamente, se ha iniciado el consumo de alimentos producidos regionalmente y vendidos en las ferias de agricultores. Dentro de la zona urbana se debe fomentar la conservación de la cultura y las relaciones sociales tanto en proceso de cultirar como en el relacionamiento entre agricultores y pobladores. El hecho de que los pobladores de una ciudad como Ibarra son, por lo general, inmigrantes de primera generación (es de decir que ellos mismos migraron) o de segunda generación (es de decir que sus padres migraron) da mucha apertura a la posibilidad de vigorizar la producción agrícola de la ciudad. Pero es más que la cercanía a la vida agrícola y las conexiones al campo, dan oportunidad de incorporar valores y pensamientos ganados de la correlación con la tierra al ámbito urbano. Lastimosamente, la tendencia es de olvidar o evitar las sabidurías y habilidades del campo, visto (a través de una división falsa entre lo urbano y rural) como antiguo, inaplicable y hasta vergonzoso. Pero dentro del Proyecto Ibarra Verde, esperamos abrir lugar para raspar la tierra, sembrar plantas, igual que ideas, valorar los animales domésticos pequeños como el cuy, el conejo y la gallina, y romper la división entre lo urbano y lo rural.

### – Asegurando la incorporación de la riqueza espiritual

Tal vez el punto más duro de la urbanización es una pérdida del sentido espiritual-familiar que viene con el aislamiento de la familia nuclear, la dedicación al trabajo de jornada diaria, y muchas veces una vida más apretada en el sentido de tiempo y economía. Como precepto del Proyecto Ibarra Verde, entendemos una relación entre la ascendencia de riqueza económica y descendencia de riqueza espiritual. Pretendemos sistematizar esta relación a través de la utilización de las nueve necesidades básicas de Max-Neef como base de la medición/análisis de calidad de vida, y pensamos que la idea del Buen Vivir también incorpora esta relación entre lo económico y lo espiritual.

## Conclusión

Tenemos la esperanza que el ámbito urbano, cuando está analizado sin prejuicios de separar lo natural de lo humano, sin dar primacía a las ideas de Norte/Occidental y con una apreciación de lo rural dentro de la ciudad, que puede, positivamente, ser un ámbito sumamente pleno, en donde el Buen Vivir/*sumak kawsay* guía la vida de todos los seres humanos hacia la plenitud, entendida dentro de la complejidad de la verbalización de las nueve necesidades básicas.

**Referencias**

Balée, W. (2014). Historical Ecology and the Explanation of Diversity: Amazonian Case Studies. In: *Applied Ecology and Human Dimensions in Biological Conservation.* New York: Springer

Barnhart, M.G. (1997). Ideas of Nature in an Asian Context. *Philosophy East and West.* Vol. 47, No. 3: pp. 417-432

Bloom, D.E., D. Canning & G. Fink (2008). Urbaniation and the Wealth of Nations. PGDA Working Paper No. 30. Retrieved on November 14, 2014 from: http://www.hsph.harvard.edu/program-on-the-global-demography-of-aging/WorkingPapers/2008/PGDA_WP_30.pdf

Carrión, F. 2005. The Historic Center as an Object of Desire. In: Carrión, F. and L.M Hanley (editors). *Urban Regeneration and Revitalization in the Americas: Towards a Stable State.* The Wilson Center.

Castles, S. & M.J. Miller (2003). *The Age of Migration: International Population Movements in the modern World.* New York: The Guilford Press.

Cohen, J.E. (2003). *Human Population: The Next Half Century.* Science 302(5648): 1172-1175.

Diamond, J. (1999). *Guns, Germs, and Steel: The Fates of Human Societies.* New York: W.W. Norton.

Daly, H. (2010). *Ecological Economics, Second Edition: Principles and Applications.* Washington, DC: Island Press.

Denevan, W.M. (2011). The Pristine Myth Revisited. *The Geographical Review* 101(4): 576-591.

Dove, M.R. & D. Kammen (2015). *Science, Society and the Environment: Applying Anthropology and Physics to Sustainability.* Oxford: Routledge.

Doxiadis, C.A. (1974). *Ecumenopolis: The Inevitable City of the Future.* Athens Center of Ekistics. Greece.

Doxiadis, C.A. (1968). *Ekistics: An Introduction to the Science of Human Settlements.* New York: Oxford University Press.

Elbow, P. (1993). The Uses of Binary Thinking. *Journal of Advanced Composition.* Vol. 13, No. 1, Special Issue: Philosophy and Composition Theory: pp. 51-78.

Elkins, P. & M. Max-Neef (1992). *Real Life Economics.* Oxford: Routledge.

Endres, A.B. & J.M. Endres. (2009). Homeland Security Planning: What Victory Gardens and Fidel Castro Can Teach us in Preparing for Food Crises in the United States. *Food & Drug LJ.* 64: 405-412.

Frolich, L.M. & E. Guevara (2015). Buen Vivir and "The Good Life": A South-North Binary Perspective on the Indigenous, the Sacred, and their Conservation. In: Sarmiento, F.O. and Sarah Hitchner (editors). *Indigenous Revival and Sacred Sites Conservation.* New York: McGraw-Hill.

Glacken, C.J. (1967). *Traces on the Rhodian Shore: Nature and Culture in Western Thought from Ancient Times to the End of the Eighteenth Century.* Berkeley: University of California Press, 1967.

Green, M. (2014). What the Social Progress Index can reveal about your country. Ted Talks. Retrieved on November 14, 2014 from: http://www.ted.com/talks/michael_green_what_the_social_progress_index_can_reveal_about_your_country.

Hall, P. (2014). *Cities of Tomorrow: An Intellectual History of Urban Planning and Design Since 1880, Fourth Edition.* West Sussex, UK: Blackwell.

Johnson, S. (2006). *The Ghost Map: The Story of London's Most Terrifying Epidemic--and How It Changed Science, Cities, and the Modern World.* New York: Penguin.

Kellert, S.R. (1995). Concepts of Nature East and West. Pp. 103-121. In: Soule, M.E. & G. Lease (eds), *Reinventing Nature?: Responses to Postmodern Deconstruction.* Washington DC: Island Press.

Lewis, M.W. & K. Wigen (1997). *The Myth of Continents: A Critique of Metageography.* Berkeley: University of California Press.

Lovins, A. (2011). Reinventing Fire: Bold Business Solutions for the New Energy Era. White River Junction, VT: Chelsea Green

Mann, Ch.C. (2006). 1491: Nee Revelations of the Americas Before Columbus. Knopf Publishers.

Max-Neef, M. (1989). *Human Scale Development Conception Application and Further Reflections.* Lanham, Maryland: Apex Press.

Miller, T. (2012). *China's Urban Billion: The story behind the biggest migration in human history.* London: Zed Books.

Mingione, E. (1996). *Urban Poverty and the Underclass.* Cambridge, MA: Blackwell Publishers.

Perlman, J.E. (1979). *The Myth of Marginality: Urban Poverty and Politics in Rio de Janeiro.* Berkeley: University of California Press.

Pokorny, B. y Serra, A. (2014). La capacidad de usuarios de la tierra a lo largo de la transamazónica brasilera del estado de Pará a contribuir a un desarrollo sostenible de la región. Proceeding I$^{er}$ Seminario Internacional. Biodiversidad, conocimiento local y cambio climático en la región Andino-Amazónica: muchos desafíos un solo objetivo. Universidad Técnica del Norte. Ibarra.

Rosling, H. (2010). Hans Rosling and the Magic Washing Machine. Retrieved on November 14, 2014 from https://www.youtube.com/watch?v=6sqnptxlCcw Transcript at https://www.ted.com/talks/hans_rosling_and_the_magic_washing_machine/transcript?language=en

Sarmiento, F.O. & X. Viteri O. (2015). Discursive Heritage: Sustaining Andean Cultural Landscapes Amidst Environmental Change. In: St Claire, A., K. Taylor & N. Mitchell (Eds). *Cultural Landscapes: Preservation Challenges in the 21st Century.* Routledge, New York.

Sarmiento, F.O., E. Bernbaum, J. Brown, J. Lennon and S. Feary. (2014). Managing Cultural Features and Uses. pp 685-714. In: Worboys, G., M. Lockwood, A. Kothari, S. Feary and I. Pulsford (editors). *Protected Area Governance and Management.* IUCN E-Book. ANU Press, Canberra, Australia.

Sarmiento, F.O. (2013). Paisaje Cultural Patrimonial del Ecuador: Una Categoría de Manejo Territorial. pp. 31-43. In: Ministerio de Cultura y Patrimonio (Editor). *Paisajes*

*Culturales: Reflexiones Conceptuales y Metodológicas.* Memorias del I Encuentro de Expertos. Cuenca, Ecuador

Sarmiento, F. O. (2012). *Contesting Páramo: Critical Biogeography of the Northern Andean Highlands.* Kona Publishers: Charlotte, NC.

Sarmiento, F.O. (2003). Impacto humano en los paisajes tropandinos. Pp. 561-580. En: Sarmiento, F. (editor). *Montañas del Mundo: Una Prioridad Global con Perspectivas Latinoamericanas.* Editorial Abya-Yala, Quito: 669pp. [Human impact on tropandean landscapes. In: Mountains of the World: a global priority with Latin American perspectives.

Satterhwaite, D. ( 2014). Urbanization in low- and middle-income Nations in Africa, Asia and Latin America. In: Desai, V. & R. Potter (editors). *The Companion to Development Studies, Third Edition.* New York: Routledge.

Satterthwaite, D. (2003). The Links between Poverty and the Environment in Urban Areas of Africa, Asia, and Latin America. *The ANNALS of the American Academy of Political and Social Science.* vol. 590 no. 1: 73-92

Schlosser, W., T. Schmidt-Kaler & E. F. Milone (1991). *Binary Star Systems: Challenges of Astronomy: Hands-on Experiments for the Sky and Laboratory.* New York: Springer.

Sellars, R.W. (1997). *Preserving Nature in the National Parks: A History.* New Haven: Yale University Press.

Shellenberger, M. & Nordhaus, T. (2007). *Break Through: From the Death of Environmentalism to the Politics of Possibility.* New York: Houghton Mifflin.

Slater, D. (1995). Challenging western visions of the global: The geopolitics of theory and north-south relations. The European Journal of Development Research. Volume 7, Issue 2: pp. 366-388.

Thone, F. (1943). Victory Gardens. Science News Letter Vol. 43, No. 12: 188.

UN-DESA. (2014). *World Urbanization Prospects.* Report from the United Nations Population Division. New York, NY.

WHO (2014). World Health Organization Urban Population Growth. Retrieved on November 15, 2014 from :

http://www.who.int/gho/urban_health/situation_trends/urban_population_growth_text/en/

Wilson, A. (1991). *The Culture of Nature: North American Landscape from Disney to the Exxon Valdez.* Toronto: Between The Lines.

Wratten, E. (1995). Conceptualizing urban poverty. *Environment and Urbanization.* vol. 7 no. 1: 11-38.

Zimmerman, C.C. (1926). The migration to towns and cities. Journal of Sociology 32: 450-455

# EL PROCESO DE LLEGAR A SER UNA UNIVERSIDAD SUSTENTABLE:
# EL CASO DEL PROYECTO ENSU EN LA UNIVERSIDAD TECNICA DEL NORTE

Patricia Aguirre

Instituto de Posgrado de la Universidad Técnica del Norte

*"La educación es de importancia crítica para promover el desarrollo sustentable. Por consiguiente, es esencial movilizar los recursos necesarios, incluidos recursos financieros en todos los planos, de donantes bilaterales y multilaterales, con objeto de complementar los esfuerzos de los gobiernos nacionales en la consecución de los objetivos y las medidas propuestas."*
**Cumbre Mundial de Desarrollo Sustentable.**

## Resumen

La educación es clave para el desarrollo sustentable. Las universidades tienen una gran parte de la responsabilidad al formar a los profesionales que trabajarán directamente para el desarrollo. La Universidad Técnia del Norte así como muchas universidades se han declarado como universidades sustentables, con el objetivo de enfatizar en su misión este compromiso de formación a profesionales que tengan clara su contribución para el desarrollo sustentable. La Universidad Técnica del Norte inicio en el año 2009 el proyetco Aprender para Enseñar Sustentabilidad ENSU cuyo objetivo principal fuer capacitar a docentes e iniciar un proceso hacia la universidad sustentable en donde se involucraron a todos los miembros de la comunidad universitaria, estudiantes, docentes y personal administrativo. En este proceso fueron los estudiantes quienes desde el inicio buscaron la difusión del concepto del Desarrollo Sustentable y del Buen Vivir. Paralelamente se emprendieron acciones tendientes a concienciar a las autoridades de la Institución no solamente de manera informal a través de campañas sino también a través de un programa de posgrado en Educación para el Desarrollo Sustentable, del cual se presentan resultados en este artículo.

**Palabras clave:** Sustentabilidad, Educación para el Desarrollo Sustentable, universidad sustentable, buen vivir, desarrollo sustentable.

## Introducción

La comisión Brundland (1987) define el desarrollo sustentable como aquel "que satisface las necesidades de las generaciones actuales sin comprometer la satisfacción de las necesidades de las generaciones futuras", este concepto ha sido criticado por centrarse principalmente en indicadores políticos y económicos, los cuales no necesariamente reflejan el bienestar. El discurso dominante busca promover el crecimiento económico sostenido, negando las condiciones ecológicas y termodinámicas que establecen límites a la apropiación y transformación capitalista de la naturaleza. (Leff, 1998).

Normalmente se habla en muchos Ámbitos sobre el desarrollo sustentable, sin embargo pocos tiene claro su significado, así mismo el concepto del buen vivir no es clara su definición a nivel de la sociedad. Sabemos que el concepto no es algo definido es mas bien un concepto normativo por eso la importancia de saber más que desarrollo sustentable, conocer más sobre las dimensiones de la sustentabilidad, pues así un ciudadano sabe identificar mejor que es sustentable y que no lo es.

La educación está incluida dentro de la estrategia de formación y es considerada como una de las estrategias de gran importancia para alcanzar el desarrollo sustentable, esta trata de fomentar una conciencia de sustentabilidad y debería estar presente en todos los niveles de educación (Michelsen & Stoltenberg, 1998). De la educación se espera una sensibilización y cualificación de las personas para la participación responsable, en la formación del desarrollo futuro, en la toma de conciencia de la problemática en cuestiones de sustentabilidad y en las contribuciones innovadoras para la problemática económica, social y técnica, así como cultural y en la protección del ecosistema terrestre. A fin de que el individuo pueda adquirir las competencias necesarias y enfrentarse a contenidos duraderos relevantes, se hace necesario un cambio de perspectiva en la educación, una nueva orientación hacia una educación para la sustentabilidad (Michelsen & Rieckmann 2008).

El conocimiento del concepto y los principios de la sustentabilidad en la comunidad de la Universidad Técnica del Norte UTN constituyen el punto de partida de un proceso de transformación hacia la universidad sustentable. La realización de un diagnóstico sobre conocimientos y disposición a participar en este proceso de una forma activa constituyen los elementos fundamentales para el éxito de las accione encamindas a un cambio efectivo. Este diagnóstico interno en la UTN, fue dirigido a los estudiantes, docentes y personal administrativo y de servicio, en el cuál se abordaron temas en lo referente a Buen Vivir (Sumak Kawsay) y Sustentabilidad.

El trabajo parte de la premisa por la cual la promoción del Desarrollo Sustentable implica necesariamente una serie de acciones proactivas desde el sector educativo, en particular de las Universidades, entendidas como instituciones productoras de conocimiento y generadoras de conciencia social crítica, con capacidad de influir en las orientaciones de desarrollo que cada sociedad adopta. A partir de ello, el trabajo propone teórica y metodológicamente el abordaje de dos cuestiones. Se plantea como primera cuestión la relación entre Desarrollo Sustentable y Universidad, considerando el tema de la sustentabilidad como paradigma y de qué modo se incorpora al saber universitario. Como segunda cuestión se analiza la Situación Actual de la Universidad en el contexto de Sustentabilidad, planteando qué significa hoy la Universidad y cómo influye en el desarrollo actual y futuro del país.

- **Sobre el concepto de desarrollo sustentable y buen vivir**

Para realizar el diagnóstico situacional sobre conocimientos de los principios de la sustentabilidad en la UTN, primeramente se realizó una investigación bibliográfica para tener una visión más profunda de los temas a incluirse en las encuestas, las mismas que fueron las herramientas de recolección de información. Para la aplicación de las encuestas se identificó la población objeto de estudio, tomado en cuenta a toda la comunidad universitaria conformada por los estudiantes matriculados en las diferentes facultades, los profesores titulares y los ocasionales así como también el personal administrativo de la UTN los mismos que sumaron un total de 8.537 personas. La población de estudio se distribuye como se muestra en la tabla 1.

**Tabla 1.** Distribución de la población objeto de estudio

| Facultad | Empleados | Docentes | Estudiantes | Total | Porcentaje |
|---|---|---|---|---|---|
| FECYT | 28 | 78 | 2970 | 3076 | 36% |
| FACAE | 18 | 72 | 1822 | 1912 | 23% |
| FICA | 21 | 71 | 1281 | 1373 | 16% |
| FCCSS | 20 | 57 | 983 | 1060 | 12% |
| FICAYA | 32 | 59 | 829 | 920 | 11% |
| Administrativos y Directivos | 196 | | | 196 | 2% |
| TOTAL | 315 | 337 | 7885 | 8537 | 100% |

**Fuente:** Proyecto ENSU

Para la aplicación de encuestas se trabajó con una muestra resultante de 368 encuestas a aplicar, sin embargo se vió la necesidad de incrementar la muestra en 30 personas ya que al distribuirla observamos que en algunos casos no se iba a recoger un número de encuestas representativo como para generalizar al resto de la población. La distribución de la muestra final se representa en la tabla 2.

**Tabla 2.** Distribución de encuestas a aplicar

| Facultad | Empleados | Docentes | Estudiantes | Total |
|---|---|---|---|---|
| FECYT | 2 | 7 | 136 | 145 |
| FACAE | 2 | 5 | 84 | 91 |
| FICA | 1 | 6 | 55 | 62 |
| FCCSS | 4 | 5 | 41 | 50 |
| FICAYA | 3 | 5 | 38 | 46 |
| Administrativos y Directivos | 4 | | | 4 |
| TOTAL | 16 | 28 | 354 | 398 |

**Fuente:** Proyecto ENSU

La encuesta que se aplicó estuvo compuesta por 20 preguntas, que principalmente abordaban el tema de desarrollo sustentable, buen vivir y el club de estudiantes de la universidad sustentable, para la tabulación de las encuestas se utilizó el programa estadístico SPSS.

Algunos resultados de la encuesta se presentan a continuación:

Al preguntar en la comunidad universitaria si habían escuchado el término desarrollo sustentable, se nota que en su mayoría si están relacionados con el mismo, principalmente los estudiantes de la facultad de ciencias de la Educación Ciencia y Tecnología.

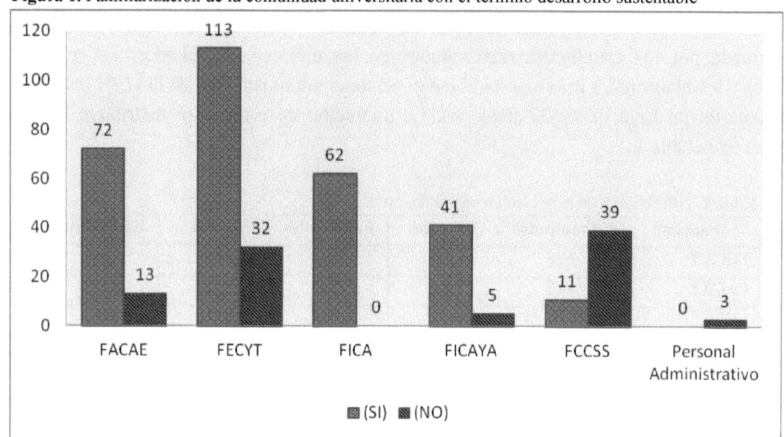


**Fuente**: Proyecto ENSU

Paralelamente se pregunto los temas con los que se asocia el desarrollo sustentable, teniendo como una reacción mayoritaria, que el desarrollo sustentable, existe cuando hay justicia en la sociedad en que se vive, siendo este parámetro seguido por la importancia de la democracia y participación en el contexto del desarrollo sustentable.

**Figura 2.** Temas con que se relaciona el desarrollo sustentable

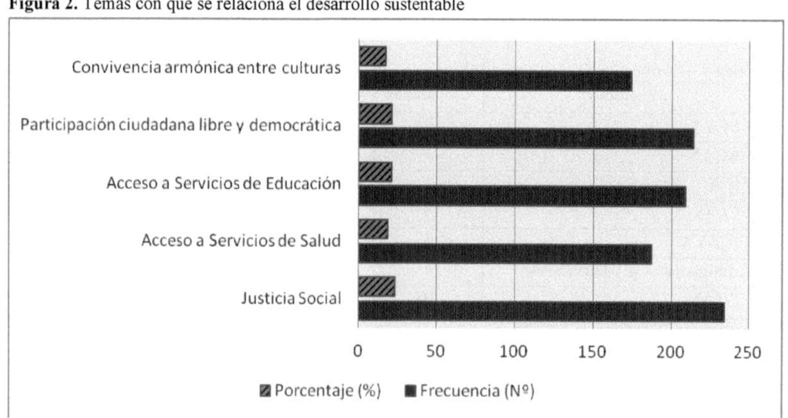


**Fuente:** Proyecto ENSU

- **EL proyecto aprender y enseñar sustentabilidad (ENSU)**

El proyecto Aprender y enseñar Sustentabilidad inicia en base a la cooperación entre la Universidad de Luneburgo con la Universidad Técnica del Norte. Este tipo de programas también fomentan en gran manera la internacionalización de las universidades como un elemento importante en el avance de los objetivos del milenio, específicamente el número ocho, el de fomentar una asociación mundial para el desarrollo y así beneficiarse de lo positivo de la globalización (ONU, 2014).

La cooperación entre la Universidad Técnica del Norte y la Universidad de Luneburgo nace desde la participación exitosa del proyecto de aplicación de iniciativas de la década de la EDS fomentado por el comité alemán en donde la Universidad de Luneburgo fue reconocida como una iniciativa exitosa de aplicación de la EDS a nivel de educación superior. Con este antecedente la UTN contacto a la Universidad de Luneburgo para aplicar la sustentabilidad en su programa de maestría en proyectos educativos y sociales (Unesco ,2009)

En este contexto se desarrolló el Proyecto Aprender y Enseñar Sustentabilidad (ENSU) que tuvo una duración de tres años del 2009 al 2011, tuvo tres componentes, siendo el principal:

1. Formular y desarrollar un programa de posgrado que contribuya al avance de la UTN en el tema de la Educación para el Desarrollo sustentable;
2. Fomentar del intercambio estudiantil, y;
3. El intercambio docente.

A continuación se describe el desarrollo del proyecto, sus impactos y su contribución al cambio de la UTN hacia una Universidad sustentable.

- **El programa de especialización en EDS**

Un programa de especialización es un entrenamiento de cuarto nivel en el régimen de estudios de posgrado (CONESUP, 2010). En el marco del proyecto ENSU el propósito de este fue ofrecer a los profesionales que trabajan en el campo de la educación la oportunidad de profundizar, ampliar conocimientos y desarrollar capacidades y habilidades orientadas a la formación en el área de la EDS y así desarrollar competencias claves para que la educación sea una herramienta efectiva para alcanzar un desarrollo sustentable.

Con el programa de especialización en EDS se trató de mejorar y desarrollar la oferta de la docencia en las instituciones educativas de la región norte iniciando en la UTN, especialmente a través de la integración del concepto de sustentabilidad en la enseñanza y la incorporación en los métodos de enseñanza aprendizaje, que contribuyan al desarrollo de competencias claves de los estudiantes para desenvolverse exitosamente en un mundo globalizado (Instituto de Posgrado UTN, 2009).

Con los métodos adaptados a la EDS se trató de impulsar el trabajo inter y transdiciplinario, el aprendizaje virtual, comunicación intercultural etc. y fomentar la implementación del concepto de desarrollo sustentable como un eje transversal en todas las carreras y programas de las instituciones donde se desempeñan (Ibid).

El programa de especialización de acuerdo al régimen académico para la educación superior (CONESUP, 2010) fue estructurado en dos semestres. En el primero que abordó las bases teóricas en el tema del Desarrollos Sustentable y la EDS, y en el segundo semestre se aplicaron los conceptos de EDS en la enseñanza, en este caso en las cátedras de los docentes participantes, como se indica en la tabla 3 y 4.

**Tabla 3.** Estructura del primer semestre del programa de especialización (Teoría)

| Módulo | Horas | | | N. de créditos |
| --- | --- | --- | --- | --- |
| | Presencial | Trabajo individual | Total | |
| **Introducción al Desarrollo Sustentable** | 32 | 96 | 128 | 4 |
| **Educación para un Desarrollo Sustentable** | 32 | 96 | 128 | 4 |
| **Aprendizaje Virtual** | 32 | 96 | 128 | 4 |
| **Métodos de la Educación para un Desarrollo Sustentable** | 48 | 144 | 192 | 6 |
| **Tecnologías de Información y Comunicación Aplicadas a la EDS** | 16 | 48 | 64 | 2 |
| **TOTAL** | **160** | **480** | **640** | **20** |

**Fuente:** Proyecto ENSU

**Tabla 4.** Estructura del primer semestre del programa de especialización (Práctica)

| Módulo | Horas | | | N. de créditos |
| --- | --- | --- | --- | --- |
| | Presencial | Trabajo individual | Total | |
| **Aplicación metodológica de la sustentabilidad en las Disciplinas curriculares.** | 40 | 120 | 160 | 5 |
| **Evaluación de la aplicación de la sustentabilidad en las disciplinas curriculares.** | 40 | 120 | 160 | 5 |
| **Proyecto de investigación** | 15 | 145 | 160 | 5 |
| **TOTAL** | **95** | **385** | **480** | **15** |

**Fuente:** Proyecto ENSU

La metodología promovida en el programa de especialización fomentó fundamentalmente la aplicación de proyectos en clase en la cual los docentes y estudiantes fueron parte de un proyecto real tendiente a solucionar un problema de la comunidad. La aplicación de este método fue exitoso y todos aplicaron este método en sus cátedras como parte del proyecto de aplicación del programa de especialización y muchos de los participantes lo hicieron en otras cátedras bajo su responsabilidad.

El fomento de competencias para la transformación, específicamente para la solución de problemas, la planificación, las relaciones interculturales, es particularmente importante con la aplicación de este método y a pesar de que este ya existe en alguna manera en la docencia, es necesario que sea aplicado con una visión desde la sustentabilidad (Lambrechts et al., 2010).

Las tres primeras promociones de la Especialización se desarrollaron solamente para docentes de la UTN y no tuvo costo alguno, Se capacitó a 54 profesionales en tres grupos. En la cuarta y quinta promoción después del cierre del proyecto ENSU se capacitó a 35 profesionales tanto internos como externos a la UTN. Un grupo muy interesado en participar fue el proveniente de la Escuela del Milenio del cantón Cotacachi en donde se promueve como política de estado la Educación como eje fundamental para el buen vivir y así en la práctica se puede aplicar la filosofía del buen vivir como una vía para el desarrollo sustentable en niños que cursan la educación primaria (Acosta y Martínez, 2008).

- **Intercambio estudiantil**

El intercambio estudiantil fomentado desde el proyecto ENSU fue fundamental en el avance del proceso de internacionalización de la UTN, es posible afirmar que el proyecto tuvo influencia directa en la creación de una oficina de Relaciones Internacionales de la UTN.

Los primeros becarios del proyecto ENSU, tanto los estudiantes de la UTN como de los estudiantes de la Universidad de Luneburgo trabajaron conjuntamente para aplicar los criterios de la sustentabilidad en la Universidad y es así que nace la iniciativa del proyecto "Universidad Sustentable" con objetivos claros más allá de la parte ecológica. Este se diferenció del "Club ecológico" que sólo abarca objetivos de protección ambiental y conservación de la naturaleza, el cual también se puede considerar que nació de las acciones emprendidas por el Proyecto ENSU y cuyo trabajo principal fue difundir y concientizar sobre la iniciativa Yasuní.

**Tabla 5.** Estudiantes de intercambio del proyecto

| Estudiantes de la Universidad de Luneburgo | Estudiantes e la Universidad Técnica del Norte |
|---|---|
| Cultura y turismo (1) | Agricultura y ambiente (6) |
| Ciencias aplicadas (2) | Ciencias aplicadas (2) |
| Ciencias ambientales (9) | Economía (1) |
| Total 12 | Total 9 |
| mujeres (9)<br>hombres (3) | mujeres (3)<br>hombres (6) |

**Fuente:** Proyecto ENSU

Las actividades que se realizaron en el marco del proyecto Universidad Sustentable fueron muy diversas, entre los principales se puede enumerar las siguientes: Acciones de información en la radio y televisión sobre la importancia de la sustentabilidad. La elaboración del folleto de difusión sobre cuestiones prácticas de aplicación de la sustentabilidad dentro de la Universidad, conocido como "La UTN hacia la Universidad Sustentable: 'La sustentabilidad eres tú'", seminarios dirigidos a la comunidad estudiantil con invitados internos y externos sobre el significado de la sustentabilidad, la semana del cine sobre sustentabilidad, la feria de la sustentabilidad, la recolección de pilas y acciones de información sobre desechos sólidos en general, entre otros.

- **Intercambio docente**

El proyecto ENSU contó con fondos para el intercambio de docentes entre la Universidad de Luneburgo y la Universidad Técnica del Norte. Viajaron a Ibarra los profesores del proyecto, y así mismo viajaron docentes designados para el proyecto hacia Alemania. Adicionalmente un grupo de 15 docentes participantes en el programa de especialización realizaron un viaje de estudios a la República Federal de Alemania. Entre los participantes estuvieron decanos, subdecanos, directores de carrera, miembros de la comisión de acreditación de la UTN y docentes de las diferentes facultades. Estas actividades e iniciativas pueden considerarse claves en el avance de los cambios gestados en la estructura misma de la UTN, participantes muy comprometidos con el tema de la sustentabilidad y su importancia en la Educación lograron que se cambien la misión y visión de la UTN y se integre el tema de la sustentabilidad en el Plan Estratégico de Desarrollo Integral (PEDI) de la UTN y por ende en el plan operativo anual de todas las unidades académicas, donde se fomenta que toda la comunidad académica debe desarrollar actividades que fortalezcan la Sustentabilidad en la UTN.

- **El proceso de transición de la UTN hacia la universidad sustentable**

Los procesos de cambio no son siempre fáciles de implementar. El caso de la introducción de los criterios de la Sustentabilidad en la UTN, se inició con una campaña de difusión y capacitación del tema para lograr primeramente una mejor comprensión del mismo. La participación comprometida del grupo de estudiantes de las dos universidades fue muy importante para que se realizaran actividades en las cuatro funciones de la Universidad durante los 3 años de duración del proyecto ENSU. Este proceso se esquematiza en la siguiente figura que es una adaptación a la UTN del proceso de la Universidad de Lovaina.

**Figura 3.** Universidad Técnica del Norte – Modelo de Implementación para la Educación Superior Sostenible

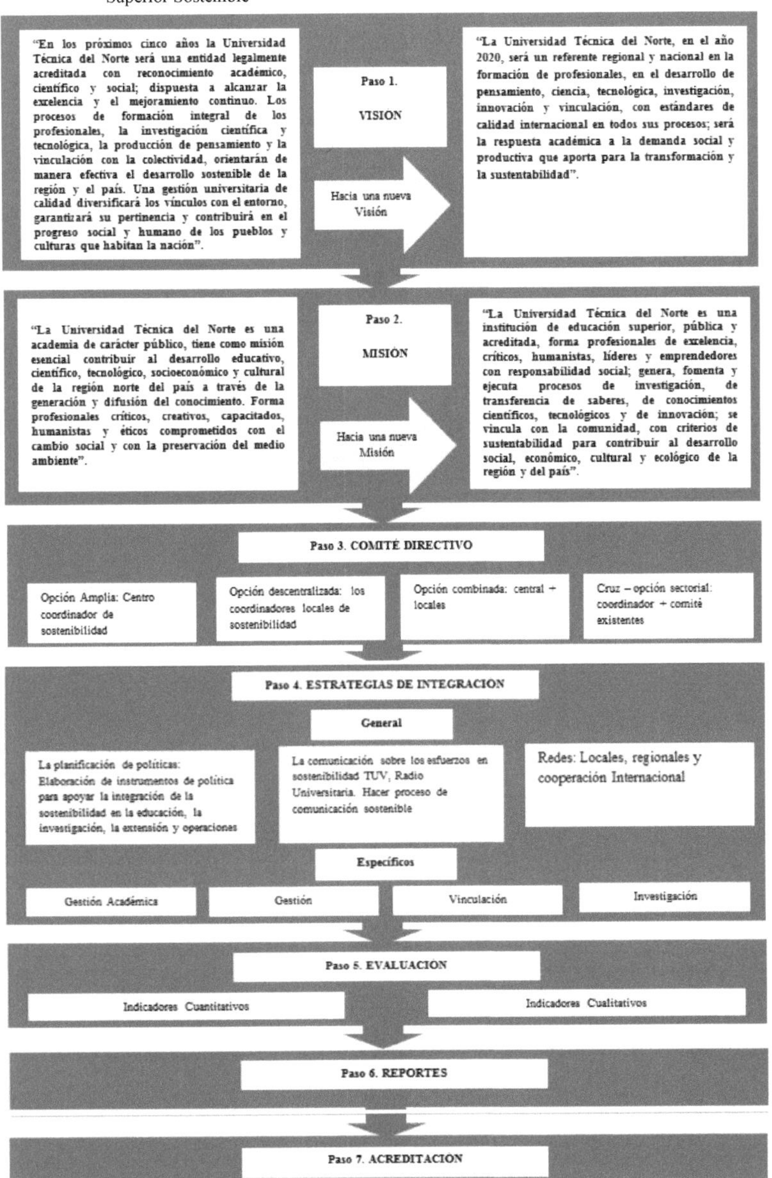

**Fuente.** Adaptación de Lambrechts et al. (2009)

El programa de especialización contó con la participación de docentes de las cinco facultades y tuvo influencia decisiva en todos los cambios que existieron en la UTN. Estos cambios se vieron reflejados en las cuatro funciones de la Universidad que se detallan a continuación:

1. En la gestión administrativa, se realizaron acciones de información sobre el ahorro de energía, el tratamiento adecuado de los desechos sólidos, el reciclaje de pilas y las formas prácticas de ahorro de energía y la importancia de un consumo sustentable, todas estas impulsadas desde el proyecto de estudiantes "Universidad Sustentable".

2. En la gestión académica, se inició con la aplicación de los criterios de la sustentabilidad en las cátedras de las diferentes facultades, primeramente a través de los docentes participantes del Programa de especialización en EDS y continuaron con las iniciativas a través de capacitación a docentes en forma de cursos y talleres con la finalidad de que todos apliquen el enfoque de la sustentabilidad en las cátedras y otros cursos de capacitación que se llevan a cabo en la UTN.

3. En la vinculación, el proyecto EDS tuvo influencia en la vinculación de la UTN tanto a nivel internacional como nacional y local. A nivel internacional se afianzó el proceso de internalización de la Universidad y también la vinculación a nivel nacional. Se realizaron varios eventos académicos con la participación de universidades del país y de varios países de América latina. Ejemplos de estos eventos son: El seminario internacional sobre Biodiversidad y EDS con la participación de 14 países, el seminario internacional sobre calidad de la educación y desarrollo sustentable. A nivel local en la encuesta sobre impactos del proyecto los participantes de la especialización expresaron que ellos compartieron sus conocimientos y realizan actividades relacionadas con la sustentabilidad, en sus hogares, en sus círculos de amigos y en sus trabajos, los que sí tienen un segundo trabajo adicional al de la UTN.

4. En la Investigación, si bien la investigación en las universidades ecuatorianas y la UTN son incipientes, el proyecto o ENSU ha contribuido a una mejor comprensión sobre la diferencia entre la investigación y la sustentabilidad y la investigación y la conservación del ambiente. En este contexto se realizaron y se siguen desarrollando tesis y proyectos de investigación en los que se enfatiza la importancia de ver los problemas con un enfoque de sustentabilidad.

**Conclusiones**

La participación efectiva de los estudiantes a través de las campañas fue un punto importante en la sensibilización sobre el tema de la sustentabilidad, lo cual constituyo la base para éxito en todas las demás actividades.

El programa de especialización como un proceso de educación formal constituyó una herramienta clave para apoyar la introducción del tema de la sustentabilidad como eje transversal en los procesos de enseñanza aprendizaje.

Los métodos innovadores aplicados a la EDS constituyeron una motivación para los docentes y un desafío al incluir la inter- y transdisciplinariedad en sus cátedras.

Los impactos a nivel de la Universidad han sido remarcables. El concepto de sustentabilidad fue institucionalizado en la estructura misma de la Universidad Técnica del Norte principalmente a través del cambio de misión y visión con una clara orientación hacia la Universidad Sustentable y en términos más aplicables en el plan operativo anual.

El proceso descrito en el proyecto ENSU demuestra que es necesario trabajar en varios frentes simultáneamente puesto que el desarrollo sustentable enfrenta problemas complejos.

**Referencias**

Acosta, A. y Martínez, E. (Ed.) (2008). El buen vivir: Una vía para el desarrollo. Editorial Abya Yala. Quito.

Barth, M.; Rieckmann, M. y Aguirre P. (2010). International academic partnership "teaching and learning sustainability" Implementing Higher Education for Sustainable Development at the Universidad Técnica del Norte (Ecuador) Knowledge Collaboration & Learning for Sustainable Innovation ERSCP-EMSU conference, Delft, The Netherlands, October 25-29, 2010.

Consejo Nacional de Educaciòn Superior – ONESUP (2010). Reglamento de regimen academic del sistema nacional de education superior. Quito.

Instituto de posgrado UTN (2009). Guìa del programa de especializaciòn en Educaciòn para el Desarrollo Sustentable.

Lambrechts, W.; Mulà, I.; Pons de Vall; & Heleen Van den Haute H. (2010). The integration of sustainability in competence based higher education Using competences as a starting point to achieve sustainable higher education. Leuven Knowledge Collaboration & Learning for Sustainable Innovation ERSCP-EMSU conference, Delft, The Netherlands, October 25-29, 2010.

Leff, E. (1998). Saber Ambiental: Sustentabilidad, racionalidad, complejidad, Ed. Siglo XXI y PNUMA, México, 1998.

Lozano, R.; Lozano F.; Mulder, K.; Huisingh, D. & Waas, T. (2011a). Declarations for sustainability in higher education: becoming better leaders, through addressing the university system, Journal of Cleaner Production (2011), doi:10.1016/j.jclepro.2011.10.006.

Lozano, R. (2011b). The state of sustainability reporting in universities. International Journal of Sustainability in Higher Education 12 (1), 67e78. doi:10.1016/ j.jclepro.2007.01.00.

Barth, M.; Rieckmann, M. & Abidin, Z. (2011). Higher Education for Sustainable Development: Looking Back and Moving Forward. VAS-Verlag für Akademische Schriften, Bad Homburg.

Michelsen, G. & Rieckmann, M. (2008a). Programa de Maestría Internacional "Sustainable Development and Management" Volumen 2: Introduction al Desarrollo Sustentable. Universidad Leuphana de Luneburgo.

Michelsen, G. & Rieckmann, M. (2008b). International master's programme in sustainable development and management. In: Introduction to Sustainable Development, vol. 1. Manual para el Programa de Maestría. VAS-Verlag für Akademische Schriften, Bad Homburg.

Michelsen, G. & Stoltenberg, U. (1998). Lernen nach der Agenda 21. Überlegungen zu einem Bildungskonzept für eine nachhaltige Entwicklung. PAE-Arbeitshilfen für die Erwachsenenbildung

ONU (2014). Objetivos de Desarrollo del Milenio, Informe de 2014 Consultado el 4 de agosto del 2014 desde: http://www.un.org/es/millenniumgoals/pdf/mdg-report-2014-spanish.pdf

Rieckmann, M. (2011). Internationale Hochschulpartnerschaften / Forderung nachhaltiger Entwicklung und Globalen Lernens. In: ZEP Zeitschrift fur internationale Bildungs-forschung und Entwicklungspadagogik, 34 (2), S. S. 10-16.

Sterling Y Thomas (-------) Education for sustainability: the role of capabilities in guiding university curricula Int. J. Innovation and Sustainable Development, Vol. X, No. Y, xxxx.

UNEP (1972). Declaration of the United Nations Conference on the Human Environment Retrieved 12 August 2010, United Nations Environment Programme. Recuperado de http://www.unep.org/Documents.Multilingual/Default.asp?documentid¼97&articleid¼ 1503

UNESCO (2009). Bonn declaration. Consultado 6 de agosto 2014 desde: http://unesdoc.unesco.org/images/0018/001887/188799e.pdf

UNESCO (2001). The Lüneburg Declaration. Consultado 06 de agosto, 2014, desde: http://portal.unesco.org/education/en/files/37585/11038209883LuneburgDeclaration.pd f/LuneburgDeclaration.pdf

World Commission on Environment and Development – WCED (1987). Our Common Future. Oxford, New York.

A Mercedes Manríquez, asesora legal de la CONAP *. (2005). *Informativo Legal Agrario*, (22), 46. Retrieved from: http://go.galegroup.com/ps/i.do?id=GALE%7CA168284730&v=2.1&u=utn_cons&it=r &p=GPS&sw=w

# ELEMENTOS PARA EL DEBATE SOBRE GOBERNANZA AMBIENTAL EN LOS ANDES, CON ESPECIAL MENCIÓN A AGUA Y MINERÍA EN PERÚ

Leonith Hinojosa

Université Catholique de Louvain, Bélgica

*"Primero, fue necesario civilizar al hombre en su relación con el hombre. Ahora, es necesario civilizar al hombre en su relación con la naturaleza y los animales"* **Victor Hugo.**

## Resumen

Este artículo presenta un análisis del proceso de construcción del sistema de gobernanza ambiental en el Perú. Usando un marco conceptual sistémico y centrado en el tema del agua y de los conflictos en torno al acceso y control de recursos hídricos asociados a la expansión de industrias extractivas en los Andes, el artículo sugiere que dicho proceso está siendo definido por la confrontación de los discursos "Perú país minero" y "el neo-extractivismo" en torno a la relación entre sociedad, economía y naturaleza y por las relaciones de poder que se encuentran inmersas en la definición de instituciones ambientales.

**Palabras claves:** gobernanza ambiental, recursos hídricos.

## Introducción

Una mayoría de agencias de desarrollo internacional, como UN-Water, Global Water Partnership y el World Water Council, y de reguladores y administradores de servicios de agua coinciden en señalar que las crisis del agua en países en desarrollo, más que un problema de escasez es uno de gobernanza. Por tanto, para resolverlas, lo que se requeriría es poner en marcha sistemas políticos, sociales, económicos y administrativos que posibiliten la eficiente gestión de los recursos hídricos y que aseguren un aprovisionamiento equitativo de los servicios relacionados con el agua (IFAD; 2006). Este reconocimiento está motivando que, a nivel mundial, el tema de la gobernanza del agua y, de forma más general, el de la gobernanza ambiental pasen a ser componentes fundamentales de las estrategias de desarrollo sostenible.

En el Perú, un país rico en recursos naturales, pero con una distribución natural y producida muy desigual de su riqueza natural, el tema de la gobernanza ambiental ha emergido dentro de un contexto de desarrollo económico y de conflicto. Desde los 1990s, el sostenido crecimiento de la economía nacional, articulado al crecimiento del producto minero y a las posibilidades de inversión pública que las rentas mineras han permitido, ha estado acompañado de una mayor inserción en los mercados internacionales, de un importante crecimiento de otros sectores de la economía y de niveles significativos de reducción de pobreza en áreas urbanas; pero, también, de persistentes elevados niveles de desigualdades económicas y sociales en el área rural y de conflictos socio-ambientales, crecientemente en torno al agua y la minería. En estas dos realidades del espacio nacional están confrontados grupos de la sociedad, sectores económicos y espacios territoriales.

En este escenario, las preguntas que guían este artículo son: ¿Cómo es el proceso de construcción del sistema de gobernanza ambiental peruano, qué elementos tiene y cómo estos elementos se relacionan entre sí? ¿Qué papel tienen el agua y la minería en la construcción del sistema de gobernanza ambiental?

A partir de un enfoque sistémico de gobernanza ambiental, este artículo sugiere elementos de análisis para entender el proceso de construcción del sistema de gobernanza ambiental peruano. La hipótesis que se plantea es que este está siendo definido por la confrontación de varios discursos en torno a la relación entre sociedad, economía y naturaleza y por las relaciones de poder que se encuentran inmersas en la definición de instituciones ambientales. Por ello, más que un problema de escasez de recursos hídricos, que de forma selectiva la hay, los conflictos están reflejando los problemas asociados al proceso de construcción de la gobernanza. Siendo los problemas de proceso, su solución estaría en los cambios que se puedan dar a esos procesos, es decir, a generar condiciones para formas de gobernanza que satisfagan criterios de equidad, inclusión y eficiencia.

- **Aproximaciones conceptuales a la gobernanza ambiental**

La gobernanza ambiental es central para estudiar las relaciones entre sociedad y medio ambiente (Evans; 2012). Se puede decir, por tanto, que la gobernanza ambiental es un reflejo de las relaciones entre sociedad y naturaleza y que incorpora no solo los elementos de geografía física del medio natural o ecosistemas – ¿qué recursos se tiene?, ¿dónde se localizan?, ¿qué funciones y servicios ecosistémicos generan? – Sino también los aspectos humanos – ¿cómo se usan los recursos?, ¿dónde se localizan los grupos humanos y porqué?.

Para guiar la discusión de este artículo, se usan las siguientes definiciones de gobernanza y de gobernanza del agua, la primera inicialmente formulada por la United Nations Development Programme (UNDP) y la segunda por la Global Water Partnership (GWP):

> *"[Gobernanza es] el ejercicio de la autoridad económica, política y administrativa en la gestión de los asuntos de un país en todos los planos. Incluye los mecanismos, procesos e instituciones mediante los cuales los ciudadanos expresan sus intereses, ejercen sus derechos, satisfacen sus obligaciones y resuelven sus diferencias." (IUCN; 2009: xi)*

"[la gobernanza del agua es] el rango de sistemas políticos, sociales y económicos existentes para desarrollar y gestionar los recursos hídricos, y para proveer servicios de agua efectivos a diferentes niveles de la sociedad" (GWP, citado en IUCN; 2009: xii).

Estas formas de concebir los sistemas de gobernanza ambiental (SGA) reposan en un enfoque institucionalista de las relaciones entre sociedad y naturaleza. En tal sentido se privilegia una comprensión de las relaciones de poder entre actores en términos de sus habilidades para influenciar los marcos institucionales en que se definen la distribución y uso de los recursos naturales, por ejemplo el agua, y de los espacios donde tales recursos se encuentran.

- **La economía política de la gobernanza ambiental**

Siendo que la gobernanza ambiental es apuntalada por relaciones de poder, su abordaje bajo un enfoque de economía política es inevitable. La Economía Política estudia la interacción entre los sistemas económico y político y se ocupa de ver cómo el acceso y control de recursos (por ejemplo de capital natural) posibilita la acumulación de poder, es decir, la capacidad de decidir quién accede a qué. Esta relación es bidireccional, o sea, quien tiene poder puede acumular recursos. También es dinámica en el tiempo; por lo tanto, el poder cambia de manos, o sea quien detenta el poder y/o accede a recursos puede cambiar.

Bajo este enfoque de economía política las cuestiones de eficiencia y equidad en la distribución de capital natural son fundamentales. Por eficiencia se entiende la atribución de uso de los recursos a lo que mayor beneficio económico neto produzca (UNDP; 2008). En la cuestión de equidad, importa no solo la distribución entre individuos o grupos localizados en un mismo espacio, sino también la distribución a través de los espacios geográficos que los grupos ocupan. Es en estas formas de distribución donde se dan diversas formas de concentración de poder y de deprivación de recursos.

Sobre el punto de la distribución, la ecología política se ocupa de las relaciones de poder y el acceso al, y uso del medio ambiente, enfatizando que el entrelazamiento entre naturaleza y sociedad va más allá del uso económico de los recursos naturales, dando lugar a relaciones sociales y de poder que evolucionan constantemente (Foster; 2000). Bajo este enfoque, un sistema de gobernanza muestra cómo la asignación de recursos naturales (el capital natural) condiciona la transformación de la naturaleza y es esa transformación la que determina nuevas formas de relacionamiento entre sociedad y naturaleza.

De acuerdo a los político-ecologistas, tanto en la asignación y distribución del capital natural, como en la transformación del paisaje natural, los actores negocian y toman decisiones basados en dos elementos: en la materialidad de los recursos y en el discurso que la aceptación o resistencia a la transformación genera (c.f. Escobar; 2006). En el tema del agua, Swyngedouw (2004), por ejemplo, sugiere que, en su sentido material, el agua es tangible, visible, medible, económicamente valorable y cotizable; y en su sentido simbólico el agua es valorada en forma diferente, con criterios no económicos. Esto indica que, cuando se busca estudiar los sistemas de gobernanza ambiental en su integralidad, se requiere ver tanto la materialidad de los recursos naturales – como lo plantean los marxistas y los neoclásicos – así como el simbolismo de su presencia y calidad como lo sugieren los político-ecologistas y los economistas ecológicos (c.f. Martínez Allier; 2009).

- **Gobernanza y gobernabilidad ambiental**

Bajo un enfoque institucionalista, la gobernanza ambiental también ha sido relacionada con buena gobernanza y gobernabilidad, siendo ambas dos corrientes significativamente distintas. Por un lado, la escuela institucionalista neoclásica ha planteado que las instituciones (leyes, normas, reglas) permiten la distribución de los recursos y regulan su uso basados en los principios de racionalidad y eficiencia. Esta corriente da al Estado un rol central en la regulación del comportamiento de los individuos y sociedades y se centra en los principios de "buena gobernanza", esto es, transparencia, participación y responsabilidad. Bajo esta noción, instituciones y poder se retroalimentan.

Por otro lado, la corriente institucionalista inspirada en Foucault, plantea la noción de "gobernabilidad", la cual sugiere que el poder no está confinado a leyes y al Estado. En cambio sugiere que el poder se hace tangible a partir de los individuos y las instituciones *no* estatales y son precisamente éstas las que dan el mayor soporte al Estado. Similar a lo planteado por Platteau (2000) en torno al papel de instituciones "informales" en el desarrollo económico, son las normas culturales y las convicciones/percepciones políticas las que regulan y disciplinan el comportamiento medioambiental de las personas. Es la gobernabilidad la que articula los principios ambientales, las técnicas, los stakeholders y las instituciones (Evans; 2012).

- **Resiliencia y gobernanza adaptativa**

Los temas de "resiliencia" y "gobernanza adaptativa" son ahora conceptos recurrentes en el debate académico sobre gobernanza ambiental. La resiliencia hace referencia a la capacidad de los ecosistemas y de las sociedades que los habitan para generar resistencia a los impactos de los cambios (climáticos, ambientales, etc.). Se distinguen dos tipos: la resiliencia ingenieril/tecnológica y la resiliencia ecológica. La primera busca identificar la maximiza perturbación que un sistema ecológico puede resistir frente a factores externos de disturbio y la velocidad con la cual el sistema vuelve a su estado anterior. Esta forma de resiliencia busca maximizar la eficiencia, es (tecnológicamente) controlable y reduce el nivel de incertidumbre en las predicciones de cambio. La segunda es persistente, adaptativa, variable e impredecible. Este tipo de resiliencia maximiza la capacidad del ecosistema para absorber el efecto perturbador y reorganizarse durante el proceso de cambio de manera tal que – en lo esencial – su función, estructura, identidad e interrelacionamiento con otros sistemas se mantienen.

En base a estos conceptos de resiliencia se elabora el de gobernanza adaptativa, la cual se centra en incrementar la capacidad de resiliencia de un sistema socio-ecológico a través del mejoramiento de su capacidad de adaptación (Folke et al.; 2002), por tanto, reivindica la legitimidad de la experimentación en el proceso de gobernar. En este proceso de experimentación para gobernar se incluye el cambio institucional y la experimentación de políticas (Berkes et al.; 2003) y la adaptación de sistemas de gestión (environmental management). La gobernanza adaptativa requiere que el marco legal y normativo – las instituciones – tengan varios efectos, que involucre un rango amplio de stakeholders y opere

a través de un vasto spectrum de espacios (local, regional, nacional y otras escalas) y
sectores.

- **Elementos de gobernanza ambiental**

Vistos los enfoques conceptuales sobre gobernanza ambiental señalados en la sección
precedente, se puede decir que en cada enfoque tiene elementos similares, pero en cada uno
las características de estos elementos y el rol que cumplen dentro del sistema difieren. De los
varios elementos que se han identificado en la literatura sobre gobernanza ambiental, sugiero
que, para analizar el caso peruano, son fundamentales los siguientes:

**Los actores y su conocimiento**

El Estado, el gobierno, la sociedad civil y la empresa, señalados de forma genérica, son
actores sectoriales perennes de un SGA, pero los actores clave (individuos u organizaciones)
que están dentro de cada sector son temporales y, de acuerdo a la evolución de los procesos,
cambian. El conocimiento que posee cada uno de estos actores es determinante para generar
barreras y oportunidades dentro de un SGA. Este "conocimiento" no solo se refiere al
conocimiento de los componentes ecológicos de los ecosistemas sino también al
conocimiento de los marcos institucionales que dan soporte a un SGA. Por otro lado, es en la
forma cómo se genera el conocimiento para construir un SGA donde se originan las
divergencias entre actores. Como sugieren Ison et al. (2011) la diferencia entre la generación
lineal de conocimiento (de tipo jerarquico) y la co-generación de conocimiento (más
democrático) es determinante para su aceptación.

**Las visiones y discursos sobre las relaciones sociedad – naturaleza**

Los discursos juegan un rol fundamental en la formación de un SGA (Manuel-Navarrete et
al.; 2004). Así como los actores clave, estos discursos son también dependientes del contexto
temporal y espacial en que se generan. Los discursos sobre el medio ambiente y la
gobernanza ambiental van aparejados de visiones (ideas, imaginarios) respecto de cómo se
debería utilizar y quienes deberían acceder – y bajo qué condiciones – a ese medio ambiente.
Estas visiones y discursos, convertidos en "proyectos mentales" de determinados grupos o
actores clave, son los que movilizan a las poblaciones y se materializan bajo la forma de
instituciones (por ejemplo, leyes y acuerdos internacionales), de acciones (por ejemplo,
programas y proyectos orientados a un uso particular del medioambiente) y de formas de
movilización social. Un aspecto central del rol del discurso y los proyectos mentales en la
gobernanza ambiental es que muchas veces no es uno sino son varios los discursos y
proyectos y que, además, estos se oponen.

La visión antropocéntrica de la naturaleza ha generado discursos de que la naturaleza tiene
que estar al servicio de la humanidad. Esta visión que ha sido dominante durante mucho
tiempo y se ha traducido en el discurso de *la modernidad* ha sido revisada a raíz del
reconocimiento de que el uso del medio natural, tal y como se fue dando en tiempos

modernos, no ha ido acompañado de mecanismos regulatorios y de control social que eviten la destrucción de ecosistemas, los desequilibrios en los sistemas socio-ecológicos y las desigualdades e injusticias ambientales. El discurso que se le ha opuesto primero ha sido el de *desarrollo sostenible* (WCED; 1987) el cual, todavía dentro de una visión antropocéntrica, busca un equilibrio entre la explotación de recursos para atender las necesidades de la sociedad pero cuidando la sostenibilidad ambiental. Luego, ha aparecido el discurso de la *sostenibilidad* como tal, el cual se distingue de los dos anteriores porque incorpora un elemento de 'derechos del medio natural' (i.e. el derecho de existir de los elementos no-humanos que componen el planeta, aun si estos no generaran servicios directos para la humanidad) y porque consideran un tipo de relación entre sociedad y naturaleza que es interdependiente y que es específico a la "racionalidad ambiental" y comportamiento de grupos específicos (por ejemplo, de pueblos indígenas).

Un aspecto importante de la oposición entre discursos es la divergencia sobre la relación entre sociedad y medioambiente. Por ejemplo, en la visión antropocéntrica hay un discurso que plantea que el uso de los recursos naturales debe darse de acuerdo al valor económico que mayor eficiencia genere y que, por tanto, el SGA debe contener los mecanismos que lo haga posible (como lo sugirió, por ejemplo, el Comisionado para el Medio Ambiente de la Unión Europea, J. Potočnik; 2012). A este discurso se contraponen el de la "justicia ambiental" y el de la "ecología de los pobres" que plantean, no que los recursos no se usen, sino que se haga un uso tal que no genere injusticias medioambientales (por ejemplo, de que quien asume los costos ambientales no son los que los generan) y que, por tanto, el SGA tendría que estar diseñado en base a este objetivo (c.f. Escobar; 2006).

En esta oposición de discursos, mostrar la base de economía política que sustenta cada discurso es esencial, tanto para entender el origen del discurso (dónde aparece, quién lo formula, con qué intereses) como para que este se materialice y gane o pierda legitimidad.

**Las instituciones de la gobernanza ambiental**

Sea desde la perspectiva institucionalista de la corriente de "buena gobernanza", de la de "gobernabilidad" de los seguidores de Foucault o de otras corrientes emergentes dentro de la teoría de la gobernanza, las instituciones tienen un papel central en un sistema de gobernanza ambiental por su función de control, regulación y auto-regulación (c.f. Aragón Soto; 2007). Para algunos, las instituciones también son una forma de materialización del poder y de dominación (Castree; 2007), es decir, resultan ser el instrumento con el cual quienes poseen el poder dominan a los que no lo tienen, o lo tienen menos. Pero, estos aspectos normativos de un sistema de gobernanza ambiental (leyes, normas, reglas) y los mecanismos para su implementación y cumplimiento (lo que en inglés se denomina "*enforcement*") también pueden resultar de procesos de negociación y, por tanto, suponen mecanismos de democracia (c.f. WRI; 2005).

Esto no implica que las instituciones sean la única forma de materializar el poder; también existen otras formas en las que este se manifiesta. Por ejemplo, Allen (2011) sugiere que el poder es "topológico," que hay formas sutiles, intangibles, en las que su ejercicio se da. Son estas formas las que traspasan a las instituciones, sobre todo a las "formales," y las que hacen que a veces las leyes sean "letra muerta".

- **La geografía y territorio de un SGA**

Tiene un sistema de gobernanza ambiental un espacio definido? La respuesta corta es: sí, pero un sí condicionado. Es "sí" porque, como lo plantea la geografía económica, los recursos naturales y la actividad económica que a partir de ellos se da están localizados dentro de un espacio geográfico definido; también las instituciones se dan y aplican dentro de un espacio territorial definido y los actores se ubican en un espacio definido. Es esta fijación del capital natural y de su aprovechamiento regulado institucionalmente en un espacio definido (una comunidad, una provincia, un país o una región) la que da lugar a que el SGA también tenga una territorialidad. Es también esta delimitación territorial del acceso y control del medio natural la que permite el surgimiento del "poder de base territorial", aun si la economía política que subyace a un SGA traspasa un territorio y tiene bases en redes de actores y redes de poder (Hinojosa; 2013). Más aun, de acuerdo a los político-ecologistas el lugar ("place") donde las sociedades se ubican configura el sistema de SGA que les resulta legítimo porque corresponde a sus relaciones particulares, materiales y simbólicas, con la naturaleza (Escobar; 2008).

La respuesta es 'condicionada' porque, como sugiere Allen (2011), el poder inmerso en la economía política de un SGA hace que el ejercicio de poder sea independiente de la ubicación de los actores y de la distancia de sus redes. En este sentido el SGA no puede ser territorializado. Además, los actores con sus discursos y visiones extienden y contraen su presencia en el espacio de acuerdo al poder que tienen y de los *instrumentos* (por ejemplo, medios de comunicarse e intensidad de relaciones) que crean o utilizan para hacer su poder efectivo en la definición de cómo debe ser un SGA.

Un concepto que apoya el argumento de no-territorialización de un SGA es el del medio natural como bien común, que trae a discusión los temas de pertenencia, propiedad y apropiación de los recursos. Los temas de justicia ambiental y de justicia inter-generacional que están a la base de la sustentabilidad son parte de estos temas, también lo son las externalidades ambientales. Todos ellos apoyan los argumentos para la existencia de instituciones ambientales no-territoriales y universales.
Con estos elementos conceptuales, en la siguiente sección se analiza el proceso de construcción del sistema de gobernanza ambiental peruano.

- **La gobernanza ambiental en Perú, con especial mención a agua y minería**

El Perú es un caso donde pareciera que muchos de los problemas asociados a la construcción de un sistema de gobernanza ambiental se dan al mismo tiempo. Por ejemplo, en lo intangible, se señala con frecuencia la debilidad institucional, el poco control regulatorio del Estado y las prácticas no-sostenibles de uso de los ecosistemas (c.f. Alayza y Gudynas;

2011). En lo tangible, muchas zonas del país están siendo confrontadas por procesos de intensa urbanización no planificada, presión desde la agricultura y la minería para el uso de agua, avance de los corredores de transporte en las zonas de selva. Junto a estos procesos, la competencia por los recursos, principalmente tierra y agua, y la transformación de los ecosistemas, ha dado lugar a tensiones y conflictos en torno a lo ambiental (c.f. Castro; 2011; Oré et al.; 2009). A esto se suman los conflictos históricos irresueltos de pueblos indígenas y comunidades campesinas por el acceso y uso de tierra y agua, recientemente exacerbados con demandas territoriales.

En este contexto, las cuestiones de gobernanza han ido apareciendo de forma segmentada, más bien relacionada con la organización y uso de recursos particulares (por ejemplo de ordenamiento y titulación de tierras, de regulación de derechos de uso de agua o de concesión de zonas mineras), antes que con una visión integral del medio ambiente. Así, más que sobre gobernanza, se ha debatido sobre gobernabilidad (Revesz; 2009), equiparándolo – al menos en el discurso – al de 'buena gobernanza desde el Estado'. En rigor, se puede decir que la discusión de gobernanza ambiental aparece en el debate público a raíz de los conflictos asociados a la expansión de la minería. Sin embargo, los factores de conflicto que suscitan tal debate tienen raíces más profundas en los conflictos sobre recursos (agua y tierra) y los conflictos territoriales a nivel local e inter-regional que se dieron en Perú antes y después de la Reforma Agraria de 1969. En esta historia, dos temas que de forma recurrente se han opuesto en los discursos generados alrededor de la gobernanza ambiental, en particular del agua, han sido los de eficiencia y justicia (distributiva y ambiental). Los temas de la sostenibilidad y la justicia inter-generacional, si bien subyacen en la discusión sobre eficiencia y justicia, han estado solo en la sombra pues, en los discursos, la utilización del tema pobreza ha dominado el debate y lo ha centrado en el tiempo presente.

La cuestión de la eficiencia se ha planteado en términos de qué sector económico y qué grupos son los que garantizan un uso eficiente del agua. Por ejemplo, se ha hecho mención a que los pequeños agricultores son ineficientes dados sus ratios de eficiencia en el riego, la composición de sus portafolios de cultivo que serían inadecuados para el tipo de suelos y disponibilidad de agua y los problemas de pago para la administración y mantenimiento de la infraestructura hídrica que se gestiona de manera colectiva (Hinojosa; 2012). Igualmente, se ha sugerido que la minería es siempre contaminante, que su extracción de agua del subsuelo es incontrolada y que su uso de agua fresca es económica y socialmente ineficiente (Hinojosa; 2012). La cuestión de la justicia es más bien un clamor que alimenta los discursos, pero todavía con poco sustento conceptual de lo que es o no es justo.

- **Análisis de dos discursos: "Perú país minero" y "el neo-extractivismo"**

En el contexto de conflicto por los recursos naturales se elaboran dos discursos que se oponen: *"Perú país minero" y "el neo-extractivismo"*. El ex-presidente García, por la política de facilitación de inversiones mineras seguida en su segundo gobierno (2005-2010) y, sobre todo, por su artículo periodístico "El síndrome del perro del hortelano" (García Pérez; 2007) que publicara como una respuesta a los conflictos sociales contra la expansión de la minería, ha personificado el primer discurso. Este discurso se apoya en, y apoya a, el discurso neo-liberal de crecimiento en base a la apertura de las economías domésticas a la inversión extranjera y al reavivamiento de la teoría de ventajas comparativas. En los hechos, más allá de las diferencias políticas de partido, la política favorable a la expansión de la minería ha sido impulsada por todos los gobiernos desde la década de los 1990s, sin que esto haya implicado el mismo nivel de respuesta social en todos los períodos de gobierno. Pero ha sido la fuerza del discurso pro-industria extractiva y la actitud de preponderancia y arrogancia de algunos actores clave la que ha levantado la reacción en contra y ha entrampado los mecanismos democráticos y negociadores de la gobernanza.

El discurso en contra ha sido el del neo-extractivismo. Originalmente, el discurso del extractivismo tiene un origen combinado, emerge del movimiento social (de base) de poblaciones afectadas por la minería y se co-produce en ciertos espacios de sociedad civil y académicos, este último sobre todo del extranjero. El "extractivismo" se refiere a la extracción de minerales, petróleo y gas natural, que fundamentalmente está orientada a mercados internacionales, generalmente operada por empresas transnacionales, que conduce a relaciones de dependencia entre los proveedores y usuarios de los recursos (c.f. Misoczky; 2011). Es "neo" porque en Latinoamérica, África y Asia, la actividad extractiva se asocia con la situación de dominación histórica del período colonial (Galeano; 1997).

El discurso neo-extractivista, con fuerte base latinoamericana, denuncia la desigual apropiación y uso/consumo a nivel global de los recursos no renovables y de expansión global del capitalismo neo-liberal (Banerjee; 2011; Misoczky; 2011). También las dimensiones de injusticia social, económica y ambiental que las actividades extractivas tendrían en los espacios (localidades y países) donde la extracción sucede (Banerjee; 2000). A diferencia del extractivismo de la época colonial, el neo-extractivismo de los tiempos corrientes involucra nuevas geografías, con nuevos actores extractores, como China, India y Brasil, cuyas culturas institucionales y formas de intervención empresarial difieren de los tradicionales actores de países del Norte. Además, en el neo-extractivismo los Estados nacionales juegan un papel fundamental por tener la propiedad de los recursos y ser capaces de generar los mecanismos legales e institucionales que facilitan la extracción (Gudynas; 2010).

En el Perú – y en otros países ricos en minerales – el discurso neo-extractivista ha permitido sacar al debate los problemas de pobreza e injusticia social y ambiental que estarían asociados a las industrias extractivas, la represión y criminalización de la protesta social por parte del Estado y el uso combinado de estructuras legales de concesión de recursos con mecanismos empresariales para la deprivación de recursos (tierras, agua) de las comunidades localizadas en los espacios donde la industria extractiva se expande, con el consecuente deterioro de su capital social y medios de vida (Alayza y Gudynas; 2011; Bebbington et al.; 2008; Hinojosa; en edición).

En este debate entre discursos, la cuestión de la minería se ha planteado bajo la disyuntiva del sí o el no a la minería, bajo los argumentos de cada discurso arriba señalados. Mientras el "neo-extractivismo" resalta los pasivos ambientales acumulados en décadas de explotación, los efectos de mayor contaminación y deterioro ambiental que se daría si se continúa con el crecimiento exponencial de explotaciones y el consiguiente riesgo de afectación de fuentes hídricas sea por consumo excesivo de aguas como por la contaminación de estas durante la explotación, el "Perú país minero" defiende el avance de la tecnología para reducir el efecto contaminador y la mayor capacidad adquirida por el Estado para cumplir con su función de regulación y control de la actividad.

- **Los actores, su geografía y conocimiento**

La competencia entre ambos discursos no se ha dado de forma homogénea en el país, tampoco ha concernido de la misma forma a las diversas sociedades locales que conforman la nación peruana. La contienda y ambigüedad que ha caracterizado el debate (Bebbington et al.; 2008) no es solo sociedad y política, es decir, no solo refleja los intereses que cada grupo tiene, es también entre espacios geográficos, sean estos los conformados por comunidades indígenas, distritos, provincias o regiones, en cierta medida reflejando la conformación primaria de territorialidades y proyectos territoriales (Hinojosa; 2013). La construcción de discursos ha tenido también una geografía particular donde el rol de los actores ha sido diferente, en función a su pertenencia a un determinado grupo (Estado, empresa, sociedad civil) y también a su conocimiento respecto de los factores que explican los conflictos. Mientras el gobierno nacional y los gobiernos regionales y locales que tienen un nivel de dependencia directa significativa de la minería (vía rentas del canon) han acumulado información que sustenta las ventajas de la presencia minera, otros grupos poblacionales y territorios subnacionales que no tienen historia minera resisten la presencia de la industria extractiva (por ejemplo Andahuaylas, Tambo y Majaz) no por conocimiento directo de los problemas ambientales y sociales asociados a la minería, sino por un conocimiento transmitido a través de redes de organizaciones e individuos (Hinojosa y Bebbington; 2010; Bebbington et al.; 2007).

El papel de la comunidad académica, peruana y extranjera, en levantar y documentar los temas de conflictos ha sido creciente (ver, por ejemplo, Panfichi y Coronel, 2010) pero con limitada participación en el debate político del Estado y el sector empresarial. También a nivel del grueso de la sociedad civil, en particular de la población activa del sector rural, las decisiones en materia de manejo ambiental – y de participación en los conflictos ambientales – parece más bien alimentarse de dinámicas de desempleo y subempleo, de aspiración, frustración y expectativas, y donde la aceptación o el rechazo de la industria extractiva ha pasado a formar parte de sus estrategias temporales de medios de vida (por ejemplo de emplearse en una mina aunque estén en contra de la minería).

En ello, las nuevas culturas empresariales que se están introduciendo en el sector minero peruano, algunas de origen corporativo y otras desde medianas empresas nacionales, significan también nuevas formas de relacionamiento con las poblaciones, el Estado y los sistemas socio-ecológicos. Mientras en el discurso las empresas parecieran tener un carácter homogéneo, en la práctica, las formas de responsabilidad social y ambiental de cada una de ellas son diversas, no solo por su origen sino también porque están en procesos de aprendizaje y adaptación.

No obstante estos aprendizajes y procesos de adaptación, las brechas de conocimiento entre los diferentes actores son todavía significativas. Por ello, la dimensión de la protesta frente al efecto de la expansión de la minería en el agua no se condice con el efecto percibido o esperado de la minería o con la relativa escasez del agua en el lugar del conflicto. Por ejemplo, el conflicto alrededor del proyecto Conga en Cajamarca, donde la escasez de agua no es significativa, ha sido mucho más notorio que el de la ampliación de la mina Toquepala en Tacna, donde el problema del agua es más crítico. También, el reclamo de las empresas hacia las poblaciones por no reconocer el conocimiento científico de sus estudios de impacto ambiental y el de las poblaciones hacia las empresas por no incluir en dichos estudios su conocimiento tradicional son indicativos tanto de los factores intangibles de la distancia entre actores como de las frágiles bases en las que el SGA se construye.

- **Los temas institucionales del agua en el Perú**

El marco institucional para la gobernanza del agua en Perú se da al menos en tres espacios, el internacional, el nacional y el local. A nivel internacional, el Estado peruano está condicionado a cumplir con las normas ambientales y humanitarias de los tratados de los cuales es signatario (por ejemplo, la Convención UN Dublín, el Convenio 169 sobre pueblos indígenas y tribales, la Convención para el combate a la desertificación y el Convenio sobre Diversidad Biológica). También lo está por lo que se estipula al respecto en los contratos financieros, principalmente con el Banco Mundial y la IFC.

A nivel nacional, el marco legal actual establecido por la recientemente pronunciada Ley de Recursos Hídricos (Ley 29338, marzo 2009) establece, en lo esencial, la integración de todas las fuentes de agua y sus recursos hidrobiológicos asociados bajo propiedad del Estado, la garantía de que el agua es un derecho humano y que no puede apropiarse o usarse bajo propiedad privada, la obligación de implementar medidas de control de aguas residuales a fin de mejorar los estándares ambientales del país, la gestión de los recursos hídricos dentro de un manejo integrado de cuencas y la creación de la Autoridad Nacional del Agua como el ente rector.

Esta nueva ley tiene significativa importancia para el SGA peruano, para lo normativo y para la práctica ambiental. Por un lado elimina formalmente el riesgo de privatización del agua, que durante mucho tiempo estuvo en la sombra de los discursos neo-liberal y extractivista. Por otro lado, abre espacios para posibles discrepancias respecto del cambio de derechos consuetudinarios de poblaciones indígenas y campesinas y, por tanto, de una percepción de riesgo de deprivación de recursos con pocos espacios y mecanismos para la resolución de conflictos (Hinojosa; 2012; CEPES; 2009).

En lo fundamental, la claridad sobre los derechos de acceso y uso de recursos hídricos todavía no está lograda porque el acceso a agua interactúa con el acceso a otros recursos. Por ejemplo, en áreas urbanas, los predios sin título, no pueden tener instalaciones (legales) de agua domiciliaria, frente a lo cual las poblaciones concernidas recurren a presión política sobre los gobiernos locales para el aprovisionamiento del servicio. En el área rural, el acceso a derechos de agua sigue a la de derechos de propiedad sobre la tierra, por tanto, quien acumula más tierra también tiene posibilidades de acumular agua. El discurso neo-extractivista de acumulación por deprivación encuentra soporte en estas realidades.

**Conclusiones: hacia la construcción de la gobernanza adaptativa?**

En un provocativo artículo sobre planificación territorial Swyngedouw (2010) sugiere que "la ecología se ha convertido en el nuevo opio del pueblo". En el Perú, la confluencia de 'genuinos' conflictos socio-ambientales (aquellos que surgen porque el medio natural está directamente relacionado con la causa o efecto del conflicto) y los conflictos que son 'en nombre del medio ambiente' (los que usan el medio ambiente para transmitir otras preocupaciones respecto al acceso a recursos no-naturales y oportunidades) es una ilustración de lo que el citado autor resalta. De alguna forma, esa dicotomía entre lo que es estrictamente ambiental y lo que no lo es está presente en los diversos elementos de la gobernanza ambiental que en las secciones precedentes se han analizado. Las visiones y discursos, las instituciones y normas, y las formas de poder que de ellas traslucen, son todos elementos que se han venido generando e interpretando de manera contradictoria/opositora.

El Perú está en el proceso de construir un sistema de gobernanza ambiental que facilite la resiliencia social y ecológica y es importante que en ello se generen los mecanismos que sientan las bases para la sostenibilidad social y ambiental que el país requiere. La perspectiva de los discursos permite revelar los significados colectivos que son privilegiados o marginalizados en escenarios sociales específicos. La identificación de los factores de economía política que subyacen al proceso de construcción del SGA peruano permite mostrar cómo se configura el SGA en el Perú y develar los procesos de formación de conocimiento y poder.

El Perú tiene una historia propia de relación con la minería, así como tiene una geografía física y humana particular respecto de sus recursos hídricos. Ambas influyen en la forma cómo se tiene que armar el sistema de gobernanza ambiental, de forma que sea funcional para el país *y* para sus regiones y localidades. La gobernanza del agua en el Perú requiere una mirada integral, que sea parte del sistema de gobernanza ambiental y esta última como parte del sistema de gobernanza del país. Esta mirada sistémica sugiere considerar los riesgos que las actividades extractivas tienen, sobre todo en zonas de vulnerabilidad ecológica como la minería en los Andes, los cultivos de exportación que usan aguas del subsuelo en la costa árida, y los hidrocarburos en zonas de selva de alta biodiversidad. Sugiere también tener el objetivo de no estandarizar sino de producir un sistema de instituciones y promover prácticas que, aunque cuesten más, permitan responder a los procesos sociales locales. En el tiempo se podrán lograr aprendizajes, que ayudarán a generar colaboración, pero al inicio las soluciones van emergiendo desde lo local, o sea, avanzando hacia una gobernanza adaptativa.

El proceso de construcción del SGA en el Perú ha estado dominado por dos perspectivas, la normativa institucional y la discursiva, ambas han venido buscando generar políticas para cambiar las prácticas. Para orientarse hacia la gobernanza adaptativa es fundamental tomar el sentido opuesto, es decir, conocer las prácticas y, a partir de ellas, generar las políticas. Se requiere también que, para la práctica informada (praxis) de la gobernanza adaptativa, el conocimiento científico se socialice y haga accesible y que el conocimiento de las poblaciones locales pase a ser integrado como parte de la co-generación de conocimiento y deje de ser considerado como mitos o folklor.

Siendo que la participación está condicionada por la información, la gobernanza adaptativa supone también ver las formas internas de participación local y de crear mecanismos de facilitación específicos a cada zona. Finalmente, la gobernanza adaptativa requiere *accountability*, es decir, relaciones entre gobernantes y gobernados mediante las cuales los gobernantes tienen que justificar sus acciones frente a los gobernados porque la autoridad que tienen es solo una autoridad delegada.

**Referencias**


Alayza, A. y Gudynas, E. (Eds) (2011). *Transiciones – Post extractivismo y alternativas al extractivismo en el Peru*. Lima: RedGE y CEPES.

Allen, J. (2011). "Topological twists: Power's shifting geographies" *Dialogues in Human Geography* 13 283–298.

Aragón Soto, F. (2007). *Gobernabilidad del Agua*, Guatemala: UICN/ORMA.

Banerjee, S. B. (2011). "Voices of the Governed: towards a theory of the translocal" *Organization*, 18(3), 323–344.

Banerjee, S. B. (2000). "Whose land is it anyway? National interest, indigenous stakeholders, and colonial discourses: The Case of the Jabiluka Uranium Mine" *Organization & Environment*, 13(1), 3-38.

Bebbington, A.; Hinojosa, L.; Bebbington-Humphreys, D.; Burneo, M.L. y Warnaars, X. (2008). "Contention and ambiguity: mining and the possibilities of development" *Development and Change*, 39(6):965–992.

Bebbington, A. (2007). "Mining and social movements: Struggles over livelihood and rural territorial development in the Andes" *World Development*, 36, 2888-2905.

Berkes, F., J. Colding, Eds. (2003). *Navigating Social-Ecological Systems: Building Resilience for Complexity and Change*. Cambridge: Cambridge University Press.

Castree, N. (2007). "Neo-liberalising nature: processes, outcomes and effects" *Environment and Planning A* 40, no. 1: 153-73.

Castro, A., (2011). "La multiplicación de las vulnerabilidades – Cambio climático y pobreza," en *Los nuevos retos de la política social en el Perú*, A. Castro (Ed.). Lima: Editatú Editores.

CEPES (2009), *La Revista Agraria* 104, 105, Febrero-Marzo.

Delaney, D. (2009). "Territory and territoriality" en *International Encyclopedia of Human Geography* R. Kitchin, N Thrift (Eds) Amsterdam: Elsevier, pp. 196–208.

Escobar, A. (2008). *Territories of Difference: Place, Movements, Life, Redes (New Ecologies for the Twenty-First Century)*. Durham and London: Duke University Press.

Escobar, A. (2006). "Difference and Conflict in the Struggle Over Natural Resources: A political ecology framework" *Development*, 2006, 49(3), 6–13.

Evans, J. P. (2012). *Environmental governance*. London and New York: Routledge.

Folke, C., & Carpenter, S. (2002). "Resilience and Sustainable Development: Building Adaptive Capacity in a World of Transformations" *Ambio* 31: 437-440.

Foster, J. B. (2000). *Marx's Ecology: Materialism and Nature*. New York: Monthly Review Press.

Galeano, E. (1997). *Open veins of Latin America: five centuries of the pillage of a continent* (25th anniversary edition), London: Latin American Bureau. http://www.e-reading.org.ua/bookreader.php/149187/Open_Veins_of_Latin_America.pdf

García Pérez A. (2007). "El síndrome del perro del hortelano" *El Comercio*, 28/Agosto/2007. Lima.

Gudynas, E. (2010). "The New Extractivism of the 21st Century. Ten Urgent Theses about Extractivism in Relation to Current South American Progressivism". *Americas Program Report*, DC: Center for International Policy.

Hinojosa, L. (s/f). "Change in rural livelihoods in the Andes: Do extractive industries make any difference?" Special Issue of *Community Development Journal* "The extractive industries, community development and livelihood change in developing countries." En edición.

Hinojosa, L. (2013). "Water, power and territoriality in the mineral-rich Andean space" Working Paper, Milton Keynes: no publicado. 2013.

Hinojosa, L., (2012). Reporte de Investigación Proyecto 'The Political Ecology of Extractive Industries and Changing Waterscapes in the Andes', documento interno, Milton Keynes: The Open University.

Hinojosa, L.; Bebbington, A., (2010). "Transnational companies and transnational civil society", en Birch , K. y Mykhnenko, V. (Eds.) The Rise and Fall of Neoliberalism: The Collapse of an Economic Order? London & New York: Zed Books. pp. 222–238.

IFAD (2006). *Linking land and water governance*. IFAD. http://www.ifad.org/events/water/flyer.pdf

IUCN (2009). "La gobernanza del agua en Mesoamerica: Dimensión ambiental", *UICN Serie de Política y Derecho Ambiental* N° 63.

Ison, R.; Collins, K.; Colvin, J. (2011). "Sustainable catchment managing in a climate changing world: new integrative modalities for connecting policy makers, scientists and other stakeholders", *Water Resources Management*, 25(15), 3977–3992.

Manuel-Navarrete, D., Kay J., Dolderman, D., (2004). "Ecological Integrity Discourses: Linking Ecology with Cultural Transformation", *Human Ecology Review*, 11(3), 215-229.

Martínez-Allier, J. (2009). "Social Metabolism, Ecological Distribution Conflicts, and Languages of Valuation", *Capitalism Nature Socialism*, 20(1), 58-87.

Misoczky, M.C. (2011). "World visions in dispute in contemporary Latin America: development x harmonic life", *Organization*, 18(3), 345-363.

Oré M.T., Del Castillo L., Van Orsell S., Vos J. (2009). *El agua, ante nuevos desafíos*. Lima: Oxfam y IEP.

Panfichi, A., Coronel O. (2011). "Conflictos Hídricos en el Perú 2006 – 2010: Una lectura panorámica", en R. Boelens, L. Cremers y L. Zwarteveen (Eds) *Justicia hídrica: acumulación, conflicto y acción social,* Lima: IEP, PUCP y Justicia hídrica, pp. 393-422.

Platteau, J.-P. (2000). *Institutions, Social Norms, and Economic Development,* Amsterdam: Harwood Academic Publishers.

Potočnik, J. (2012). "Planet, people and profits: How to deliver a sustainable exit from the crisis", EU, Keynote speech at the European Resource Efficiency Forum "Vision 2020 – the role of resource efficiency for Europe's future", Berlin 13/11/2012, http://europa.eu/rapid/press-release_SPEECH-12-801_en.htm

Revesz, B., (2009). "Gobernanza, procesos participativos y desarrollo territorial local", en Mazurek H. (Ed) *Gobernabilidad y gobernanza de los territorios en América Latina.* Actes and Mémoires 25. Lima: IFEA, IRD, UMSS.

Swyngedouw, E. (2010). "Trouble with Nature – Ecology as the New Opium for the People," en *Conceptual Challenges for Planning Theory,* Hillier, J. y Healey (Eds.), pp. 299-320. London: Ashgate.

Swyngedouw, E., (2004). *Social Power and the Urbanization of Water – Flows of Power,* University Press, Oxford.

UNDP (2008). *Human Development Report 2007/2008,* New York: Palgrave Macmillan.

WCED (1987). "Our Common Future / Brundtland Report", United Nations World Commission on Environment and Development, WCED Annex to General Assembly document A/42/427- Development and International Co-operation: Environment.

WRI (2005). World Resources Institute en colaboración con UNDP, UNEP y Banco Mundial, *World Resources 2005: The Wealth of the Poor—Managing Ecosystems to Fight Poverty,* Washington, DC: WRI.

# CUSTODIA DE LA SALUD AMBIENTAL ANTE CAMBIOS GLOBALES, PREMISA EDUCATIVA PARA LA ADAPTACIÓN

Arturo Curiel Ballesteros

*"Hay suficiente en el mundo para cubrir las necesidades de todos los hombres, pero no para satisfacer su codicia".* **Mahatma Gandhi**

## Resumen

Este artículo presenta un análisis histórico sobre la relación existente entre el bienestar y la salud ambiental. En el marco de la alfabetización científica y el rol de la educación ambiental se presentan datos empíricos basados en entrevistas y encuestas realizadas en Guadalajara sobre las percepciones del cambio climático como un ejemplo de los problemas ambientales. En las encuestas que se han levantado sobre la responsabilidad de ello, aún no se asume que hemos causado este desbalance global y que estamos siendo una de las partes más vulnerable en estos escenarios de cambio. También se encontró que aún no se asume la responsabilidad personal y no se percibe los efectos inmediatos individuales del cambio climático. Se confirma que hace falta una alfabetización científica sobre estos temas y que la educación ambiental juega un rol central en esto.

**Palabras clave:** Salud ambiental, cambio climático, alfabetización científica, educación ambiental

## Introducción

Abordar la salud ambiental en el marco educativo, tiene una importancia ingente, al reconocer que nuestro bienestar depende de las condiciones ambientales del territorio donde vivimos, donde trabajamos y donde nos recreamos, Así como dice Gustavo Wilches-Chaux (2006) "cada ser humano es, en alguna medida, reflejo y resumen de ese territorio del cual forma parte, cada persona es también el resultado de la interacción entre la naturaleza y cultura" en otras palabras, la salud de cada ser humano es reflejo de la salud del territorio donde vive, de la salud de sus bosques, la salud del suelo, la salud del río. Ello llevaría a comprender que la salud humana está determinada por factores fisicos, químicos, biológicos, sociales y psicológicos en el medio ambiente, que es la definición misma de la salud ambiental (OMS, 1999).

De esta manera, nuestra salud dependerá de la calidad ambiental y de los materiales básicos que necesitamos para vivir y que los provee la Naturaleza, según su calidad, la exposición a los mismos tendrá como efecto vivir con bienestar o perder dicha condición. Corvalán (2010) considera que casi un 25% de la carga de enfermedad tiene causas ambientales, 37% en niños de 0-4 años y que 85 de 102 enfermedades tienen componentes ambientales.

*"Son tres los constituyentes básicos que nos vinculan de manera permanente con la Naturaleza: el aire que respiramos, que es a lo que estamos más expuestos, pues cada día hacemos fluir una cantidad de varios metros cúbicos a través de nuestro organismo al inhalar lo mismo el oxígeno vital para existir, cómo los cientos de substancias que suelen estar depositadas en el aire por la tecnología que utilizamos, de ahí que las infecciones de las vías respiratorias inferiores sean considerada como la segunda enfermedad altamente afectada por mal cuidado ambiental por la OPS" (Corvalán, 2010).*

El segundo constituyente es el agua, que consumimos varios litros al día para beber, en el aseo o en recreación y nos exponemos a su calidad a través de exposición dérmica o por ingestión, considerando a las diarreas como la primera enfermedad altamente afectada por mal cuidado ambiental. En tercer sitio están los alimentos, que nos servimos varios gramos al día y con su ingestión nos exponemos a lo que estos organismos acumularon a lo largo de su ciclo de vida.

**Figura 1.** Relación proporcional de la demanda de abastecimiento de bienes de la Naturaleza

**Necesidades diarias**

No sólo es a través de los tres constituyentes básicos naturales donde la salud ambiental cobra relevancia, sino también en los espacios donde pasamos nuestra vida. El mayor tiempo lo vivimos en el interior de una caja: casa, oficina, restaurante/bar, salas públicas (alrededor de un 87% del tiempo), en segundo lugar en exteriores (8% del tiempo) y en tercer lugar, dentro de un vehículo de transporte (7%) (Ott, 2007). La calidad de aire, temperatura, interacción con otros organismos y con los ciclos naturales, también definirán nuestra condición de salud y bienestar.

**Figura 2.** El campo de la Salud Ambiental

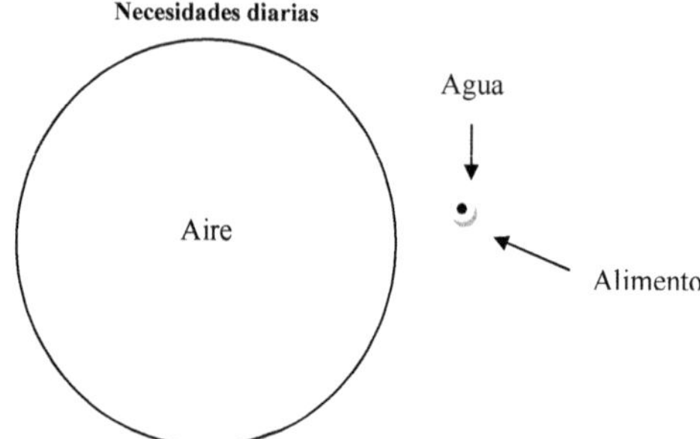

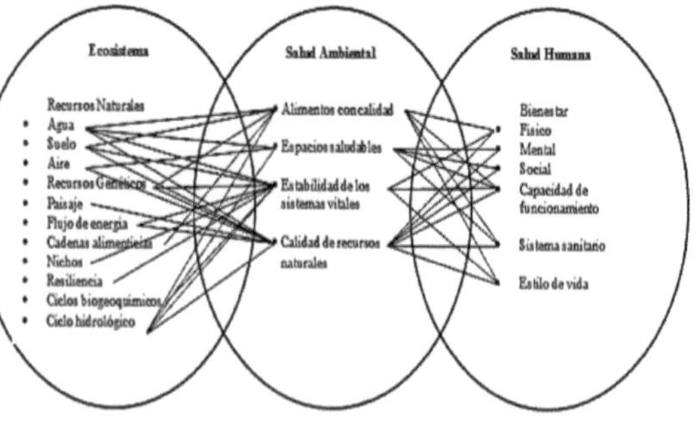

**Fuente:** Este estudio

- **La ciencia de la salud ambiental**

Si bien el conocimiento de las relaciones entre la población humana y el ambiente es tan antiguo como la cultura, cuando lo abordamos desde la ciencia podemos identificar a través del paradigma interpretativo, aquellos aportes que hacen referencia a las relaciones: ser humano con la naturaleza, ciencias sociales con ciencias naturales, bienestar con servicios de los ecosistemas, salud humana con la salud del ecosistema. Todo esto evoca directamente a una interpretación de la realidad como sistema e interdisciplinaria, más allá de la visión mecanicista y lineal imperante.

En el rescate histórico de la evolución del campo de la salud ambiental, hay algunos autores que identifican como punto de partida el siglo XIII, con Edward I de Inglaterra (1272-1307) que reconoció que la quema de un tipo de carbón producía contaminación del aire en detrimento de la salud de la población y fue prohibido por orden directa del rey, y quien incumplía tal disposición era torturado.

Otros autores ligan su inicio con la Revolución Industrial, que dió un cambio drástico en la forma de vivir y trabajar y de exponerse, con el incremento de hacinamiento tanto en las casas habitacionales como en las industrias, problemas sanitarios (ej. viviendas y lugares de trabajo sin ventilación y húmedas, calles contaminadas con excremento, agua estancada, suministros de agua inadecuados, etc.). Todo lo anterior resultó en un incremento drástico de la contaminación del agua, por lo que en 1848 el Parlamento Británico aprobó la Ley de Salud Pública concentrada en agua limpia (primera en la historia), de esta manera, se considera a Inglaterra como el país que conoció los primeros efectos adversos a la salud por deterioro ambiental, pero también fue el pionero en emprender la búsqueda de estrategias de solución.

Sin embargo, donde coinciden prácticamente todos los autores, es que en el siglo XX es donde la salud ambiental ha presentado su mayor desarrollo, muy ligado a hechos que han significado cambios en una alfabetización científica. Desde esa perspectiva se delimitan cuatro periodos históricos:

- **La salud ambiental antes de 1945: los microbios como amenaza**

El principal desastres presentados en la primera mitad del siglo XX, fueron las epidemias. El año donde se registró la epidemia con mayor letalidad fue la histórica influenza de 1918, que durante septiembre a noviembre murieron millones de personas en todo el mundo, en América del Norte, el Ártico, África Central, Europa, India, e islas del Pacífico Sur, en este año murió el 26% de todas las personas que han muerto por epidemia en el mundo, y que cobró más muerte que la Primera Guerra Mundial.

Asimismo, los problemas relacionados con la adulteración de los alimentos que inicialmente constituyeron una medida de abasto alimenticio al crecimiento poblacional resultaron con graves daños a la salud. Los alimentos producidos y preparados de forma masiva comienzan a presentar procesos de contaminación y se convierten en un tema prioritario para la salud ambiental.

Durante este periodo prevalece la idea que las enfermedades es el resultado de exponerse a microbios, a los que hay que aislar, identificar y prevenir sus efectos más dramáticos a través de las vacunas.

- **De 1945-1965: visión sistémica del riesgo toxicológico**

Este periodo se caracterizó por una sociedad más urbanizada. Los riesgos sanitarios dejan de ser sólo microbiológicos para incorporar los toxicológicos asociados a productos y residuos industriales y a la contaminación del aire, incluida la lluvia radioactiva.

También cabe destacar que a partir de la década de los 40´s la necesidad de garantizar alimentos para una población creciente, provoca el desarrollo desde la química, de innovaciones para la fabricación de agroquímicos (fertilizantes y plaguicidas). El desarrollo de la química se considera como la respuesta a varios problemas, entre ellos, los plaguicidas para abatir las poblaciones de vectores transmisores de enfermedades y generación de epidemias, como mosquitos, roedores y garrapatas, por ello, por primera vez se otorga el Premio Nobel en Medicina a alguien que no era médico, sino químico, Paul Hermann Müller en 1948 recibe el Premio Nobel de Fisiología o Medicina por su descubrimiento del DDT como un insecticida usado en el control de la malaria, fiebre amarilla, y muchas otras infecciones causadas por insectos vectores.

Por otra parte, los daños a la salud también se hicieron presentes por exposición a sustancias tóxicas como el metilmercurio en el agua que provocó cientos de muertes en la ciudad de Minamata, Japon, en donde entre 1953 y 1965 se contabilizaron 111 víctimas y más de 400 casos con problemas neurológicos, a causa de la ingestión de pescado y de marisco contaminado de mercurio el cual fue vertido al mar por empresas petroquímicas. Una enfermedad nueva que no se había registrado antes.

De acuerdo con Frumkin (2010), el campo moderno de la salud ambiental data de mediados del siglo XX, un aspecto esencial que marcó su inicio consiste en el reconocimiento de los riesgos que conllevan los productos químicos cancerígenos; en consecuencia se incrementaron el número de estudios que evaluaban la exposición a estos productos.

La exposición a contaminantes y sus efectos tóxicos, comienza a ser evaluados a través de diversos trabajos que dieron pauta a las primeras normas de salud ambiental que definen los límites peligrosos de contaminación y exposición a diversos químicos, aun cuando se reconoce la alta vulnerabilidad que representa que solamente en menos del 3% de las substancias químicas utilizadas se ha estudiado el riesgo a la salud que conlleva su uso y exposición.

Este periodo de tiempo se considera como un parteaguas en la visión de la salud ambiental pues varios personajes asumieron la tarea de presentar una visión sistémica de la realidad que era contraria a la visión lineal y mecánica predominante aún en nuestros días. Tres personas fundamentales fueron las siguientes:

1. Aldo Leopol, en 1949 publica su obra *A Sand County Almanac*, donde desarrolla el concepto salud de la tierra: "La característica más importante de un organismo es su capacidad de auto-regenerase, que conocemos como salud. Hay dos organismos que se han sometido a procesos de auto-regeneración a partir de interferencia y control humano. Uno de ellos es el mismo hombre. El otro es la tierra".

2. René Jules Dubos, en 1959 publica *Mirage of Health* que constituye una de las aportaciones más importantes sobre la visión de la salud ambiental, propone un modelo global el cual plantea que *"cualquier ser vivo sólo podría entenderse en el contexto de las interacciones que mantiene con todo lo demás"*. Dubos planteó que el problema no era el control de la enfermedad sino la promoción de la salud; "estar sano no significa no padecer enfermedad sino poder funcionar, hacer lo que uno quiere y conseguir lo que desea." Le preocupaba la adaptación dócil y acrítica de la gente a su entorno, que no le molestara vivir las consecuencias del deterioro ambiental que ellos mismos han ocasionado. "Piensa globalmente, actúa localmente" fue uno de sus lemas que sigue inspirando a ecologistas en la actualidad, igual que "Tendencia no es destino".

3. Rachel Carson, en 1962 publica *La Primavera Silenciosa"*, considerada por Germán Corey (2012) como la obra que reafirma que la Naturaleza es un todo complejo con partes interrelacionadas, cualquier acción tiene efectos en el contexto, incluso en humanos. Primer libro de divulgación sobre impacto ambiental por sustancias peligrosas, se convirtió en un clásico de la concientización ecológica. Forma parte en 2006 de los 25 libros de divulgación científica más influyentes de todos los tiempos (junto a los de Darwin, Newton, Galileo, Einstein, Dawkins, Watson, Sagan y Kinsey, entre otros).

De esta manera, en el periodo de tiempo referido se construyeron las bases de una visión de un mundo interrelacionado. En México, Enrique Beltrán organiza en 1965 varias mesas redondas para reflexionar que la relación lineal y extractiva con la Naturaleza limitada a valorarla como proveedora de recursos naturales, tendría que cambiar: "Hemos insistido en la polifacética complejidad del estudio de los recursos naturales renovables y su conservación, y en los graves problemas que se originan cuando los asuntos referentes a ellos se enfocan de manera unilateral. Una y otra vez hemos llamado la atención sobre la imprescindible necesidad de eludir ese inconveniente tratamiento aislado, y sustituirlo por uno de conjunto –más racional y fecundo en resultados – aplicando lo que hemos denominado, estimando que indica claramente su objetivo: la visión panorámica de los recursos naturales".


- **De 1965 a 1984: Los riesgos y el descontrol del crecimiento poblacional urbano**

En este periodo de tiempo los riesgos relacionados a la fuerza geológica del tectonismo y los huracanes pasan a protagonizar los desastres históricos por el número de muertes, no tanto por el incremento de magnitud e intensidad, sino por el crecimiento urbano desmesurado que implica un incremento dramático en exposición a los desastres, tanto el crecimiento espontáneo basado en la autoconstrucción, como el de expansión urbana que desdibuja los núcleos urbanos y exponen a los habitantes a diversos riesgos.

A partir de la década de los setentas, se identifican efectos a la salud por exposición crónica de diversos contaminantes que antes no eran considerados de riesgo, por ejemplo el de uso de cloro para la potabilización del agua en las grandes urbes, que si bien ayuda a eliminar microbios patógenos que han originado epidemias, genera otros tipos de enfermedades resultantes de su exposición a través de los años, entre ellos el cáncer.

A partir de estas situaciones fue necesario el desarrollo de una conciencia sobre cómo en las grandes ciudades las amenazas aumentan en lugar de tener mayor seguridad; se analiza también cómo se incrementa la vulnerabilidad de la población urbana, de ahí surgiría más tarde el planteamiento que los desastres naturales no existen, sino la manera de crecimiento poblacional son lo que generan los desastres de gran magnitud.

Otro de los riesgos asociados con el crecimiento urbano es el generado con el incremento del uso de vehículos motorizados para satisfacer la necesidad de desplazamientos y traslado, lo cual incrementa la contaminación del aire y los accidentes.

- **La salud ambiental de 1985 al presente: riesgos en la capa vital compartida**

Los riesgos actuales y las problemáticas recientes que ha enfrentado el campo de la salud ambiental son de tipo global. Problemas como el incremento acelerado de la población mundial, el abasto de alimentos, de energía y de materias primas aparecen como líneas de atención prioritaria. De acuerdo con Frunkin (2010), conforme transcurre el siglo XXI los abordajes sanitarios de la salud ambiental así como los riesgos químicos siguen siendo relevantes pero viendo a futuro se identifican algunas tendencias que enriquecen la salud ambiental, entre ellas: 1. La justicia ambiental, 2. Cambio global, 3. Comunidades y grupos vulnerables y 4. Movimientos hacia la sustentabilidad.

De estas, quizá la que ha caracterizado este periodo de tiempo es el reconocimiento que la sobreexplotación de los recursos del planeta y su impacto a la salud tanto del ecosistema como de las poblaciones humanas es ahora un tema global, pues se registra que se ha rebasado la capacidad del planeta de auto-regenerarse ante las presiones humanas y las demandas de la población cada vez mayores, comenzando un agotamiento global en perjuicio a la estabilidad futura. La seguridad alimentaria frente a la demanda ligada al crecimiento de la población mundial, la pobreza alimentaria y el cambio en los patrones de preferencia alimenticia constituye otro de los retos, ya que el cambio climático y su efecto en la disposición de agua para la producción, así como en la degradación del suelo y pérdida de biodiversidad, pone en riesgo esta seguridad y se incrementa la población de migrantes por degradación ambiental. Dada la magnitud y diversidad de cada uno de estos problemas y las consecuencias del mismo tanto en la salud del ecosistema como la salud humana, el cambio climático ha sido considerado como el principal desafío de la salud ambiental en el siglo XXI y las muertes por olas de calor como el nuevo desastre, ya que en 2003 por esta causa murieron miles de personas, principalmente en Europa, representando ese año el 64% de todas las muertes en los últimos 110 años por esta causa.

- **Educación y adaptación al cambio climático**

Parte del problema del cambio climático es la confirmación que a los que impacta más, al igual que la mayoría de los problemas ambientales, son a los niños, que son los menos responsables de sus causas. Mientras que en las encuestas que se han levantado sobre la responsabilidad de ello, aún no se asume que hemos causado este desbalance global y que estamos siendo una de las partes más vulnerable en estos escenarios de cambio. En entrevistas realizadas en la ciudad de Guadalajara, México, en una escala de 5 niveles, ante la pregunta sobre quienes son los que contribuyen a causar el cambio climático, la respuesta es que el responsable no es quién contesta, sino la persona más lejana; lo mismo sucede cuando se pregunta sobre quien puede ser más afectado:

| ¿En cuánto contribuye a causar el cambio climático? | | ¿Quién considera que puede ser más afectado por el cambio climático? | |
|---|---|---|---|
| - Usted: | 3,69 | - Usted: | 3,27 |
| - Su vecino: | 3,74 | - Su familia: | 3,42 |
| - Otro habitante de otra colonia: | 3,86 | - Su ciudad: | 3,72 |
| - Un habitante de otra ciudad: | 3,95 | - Los Mexicanos: | 3,96 |
| - Un habitante de otro estado: | 4,02 | - Los Esquimales: | 4,02 |
| | | - Toda la población del mundo: | 4,33 |

Lo anterior se había presentado ya en estudios que Javier Urbina (2012) ha realizado en las principales ciudades de México, donde inclusive, analiza que la percepción de la gente común muestra una tendencia semejante a los considerados como expertos en los temas ambientales (figura).

**Figura 3**. Vulnerabilidad percibida ante el cambio climático global en México

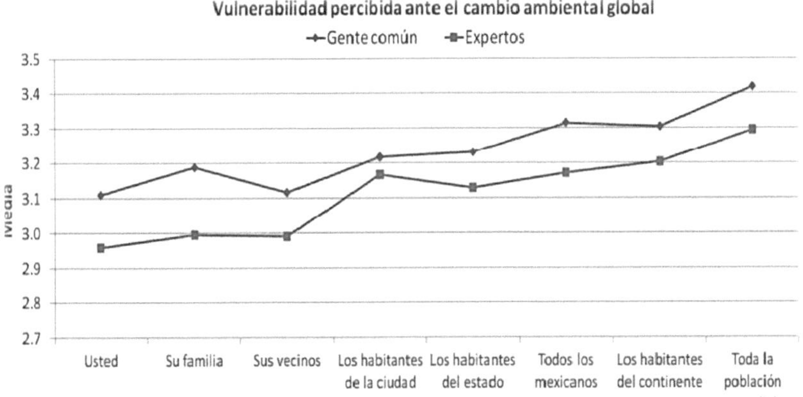


**Fuente**: Urbina, 2012

Otro de los problemas a resolver por la educación, es que hace falta una alfabetización científica para comprender problemas globales con múltiples repercusiones, y las acciones a realizar para reducir vulnerabilidad y exposición a las diversas amenazas que representa. Ante ello, la realización de entrevistas a la población urbana de Guadalajara, arrojó que los conceptos con los que más asocia Cambio Climático son: calor, frío, contaminación, enfermedad, lluvia y deshielo, que de alguna manera refleja algunos afectos, siendo el ausente principal la relación con la producción y seguridad alimentaria.

**Figura 4:** Distancia Semántica – Cambio Climático

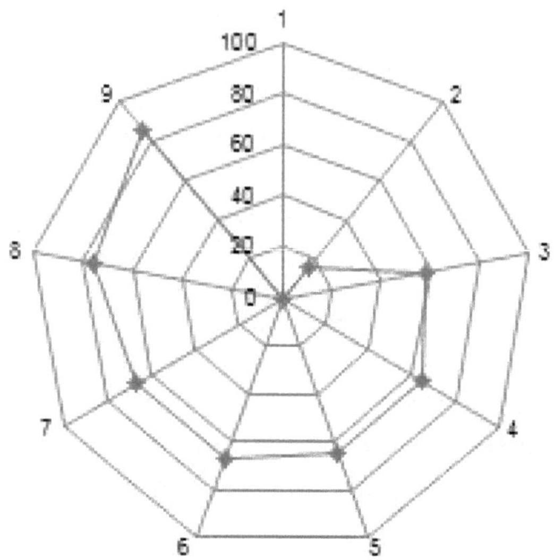


| PORCENTAJE | |
|---|---|
| 100 | Calor |
| 84,039 | Frío |
| 42,34 | Contaminación |
| 33,30 | Enfermedad |
| 35,50 | Lluvia |
| 33,22 | Deshielo |
| 32,89 | Temperatura |
| 23,77 | Sequias |
| 14,65 | Cambio |

**Fuente:** Este estudio

En relación a Vulnerabilidad, los conceptos que con mayor frecuencia se asociaron fueron: enfermedad, animales, niños y ancianos, lo que refleja el conocimiento de algunos factores relevantes como edad y enfermedades previas, siendo el ausente principal algunos otros factores como la personalidad del individuo.

**Figura 5:** Distancia Semántica – Vulnerabilidad al Cambio Climático

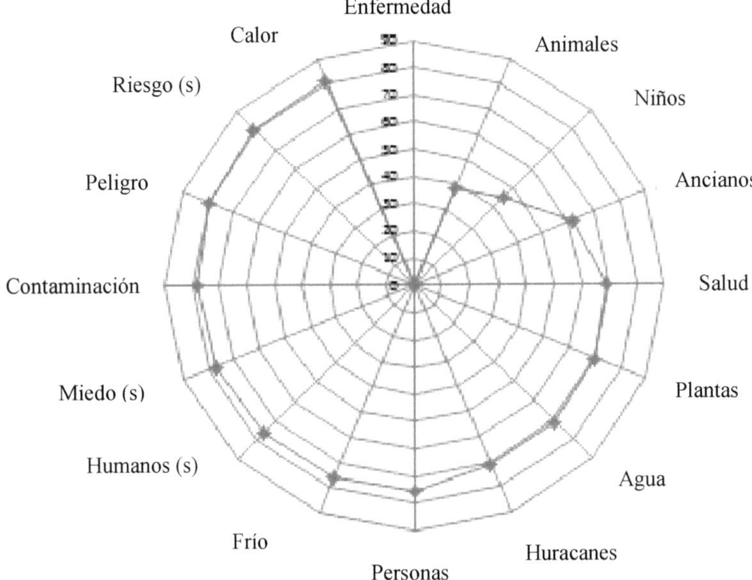


**Fuente:** Este estudio

Donde se notó un fuerte contraste, fue en lo que los habitantes de Guadalajara relacionan con Adaptación, pues no se identifica el cómo adaptarse o actuar ante este cambio climático, lo que implica una de las principales tareas a desarrollar a través de la educación.

**Figura 6:** Distancia Semántica – Adaptación al Cambio Climático – Jalisco

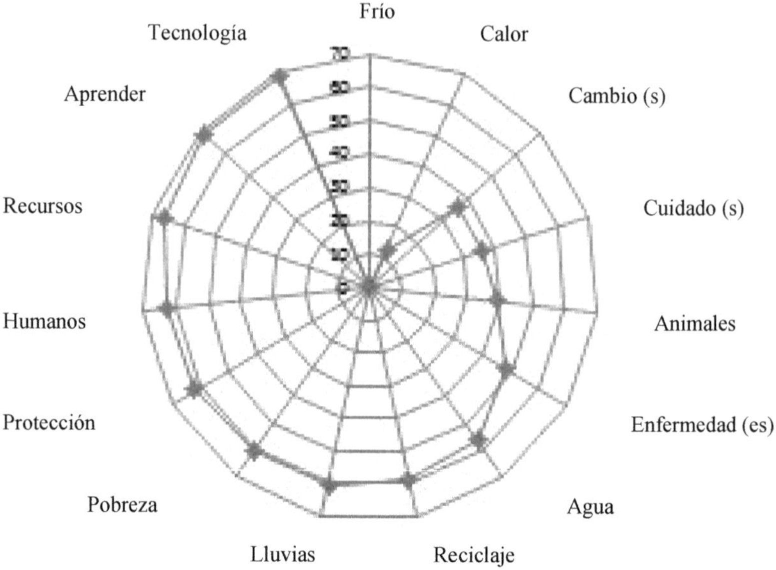

**Fuente:** Este estudio

Para Silvia Lizette Ramos (2012), frente a un deterioro ambiental de gran magnitud, los múltiples daños a la salud y una urgente necesidad de atenderlos de las formas más efectivas, hoy el día los vínculos entre el campo de la salud ambiental y la alfabetización científica resultan sumamente trascendentes.

En las últimas décadas el impulso a la promoción de la salud humana a través de organismos internacionales, así como de espacios de educación formal y no formal y en medios de comunicación, ha sido constante pero los resultados no han sido los esperados. De acuerdo con Dillon (2012), los vínculos entre ambiente y salud han sido bien investigados… lo que no significa, por otra parte, que el entendimiento público de estos vínculos sea particularmente altos.

Considerando este planteamiento asumimos que una sociedad alfabetizada científicamente en el cuidado de la salud aumenta significativamente su nivel de bienestar dado que posee las competencias que le permiten atender de mejor manera su salud y la de su entorno. Es decir, la alfabetización científica puede ser considerada como un indicador de acción de salud ambiental orientada tanto a la reducción de las fuerzas económico-culturales y tecnológicas que lo han originado, como en la atención de la vulnerabilidad y exposición que están delimitando sus múltiples efectos.

En resumen, por lo aquí tratado, se puede resumir que los retos para la educación ante los cambios globales son:

1. El reconocimiento de la relación indivisible de la salud del territorio y la salud humana,
2. El vínculo permanente entre la Naturaleza y el ser humano a través del aire, el agua y los alimentos,
3. Que en la medida que cambiemos nuestros hábitos en el consumo de agua y alimentos, iremos recuperando la auto-renovación,
4. El papel que juega la temperatura en la estabilidad de la vida,
5. El identificar las causas culturales de los cambios globales,
6. No sólo actuar ante la manifestación de la degradación ambiental, sino atender sus causas y efectos,
7. Comprender que no sentirse vulnerable ante los cambios globales, es una de las más altas vulnerabilidades actuales,
8. *Se requiere de una alfabetización científica desde el problema de salud ambiental derivado de la contaminación del aire en ciudades,* la calidad del aire es un indicador que permite evaluar las prácticas civilizatorias de las comunidades humanas tales como: prácticas de producción y consumo, de movilidad y de industrialización. En el aire, los humanos hacemos evidentes formas de vida, nuestros actos y nuestras decisiones en relación con nuestro planeta,
9. Reconocer que se ha rebasado la capacidad del planeta para auto-regenerarse ante las presiones humanas,
10. Nuestro bienestar depende de las condiciones ambientales del territorio donde vivimos, donde trabajamos y donde nos recreamos

## Referencias


Beltrán, E. (1966). El Carácter Interdisciplinario de la Conservación, en: Instituto Mexicano de Recursos Naturales Renovables, *Mesas Redondas sobre Contribución de Diversas Profesiones en la Conservación de los Recursos Naturales Renovables*. México, D.F.: Instituto Mexicano de Recursos Naturales Renovables.

Corey, G. (2012). Aportes de autores de las Américas al conocimiento de la relación ambiente y salud. *Memoria del Foro Cultura y Naturaleza*. Guadalajara: Universidad de Guadalajara.

Corvalán, C. (2010). Indicadores de Cambio Climático y Salud. *Memoria del I Congreso Internacional de Salud Ambiental*. Guadalajara: Universidad de Guadalajara.

Dillon, J. (2012). "Science, the Environment and Education Beyond the Classroom". In: In: Fraser, B.; Tobin, K. & McRobbie, C. (Eds). *Second International Handbook of Research in Science Education*. Netherlands: Springer. Pp. 1081-1095.

Frumkin, H. (2005). *Environmental Health: from global to local*. Washington: Jossey-Bass.

OMS Organización Mundial de la Salud (1999). *Environmental health indicators: framework and methodologies*. Ginebra: OMS.

Ott, W.R. (2007). Exposure Analysis: A Receptor-Oriented Science, en Ott, W. R., A.C. Steinemann y L. A. Wallace (ed) *Exposure Analysis*. Boca Raton: CRC Press, Taylor & Francis Group.

Ramos de Robles S. L. y M. Espinet. (2012). Educar para adaptarnos al cambio climático: tarea de todos. *Ciencia* (63) 4.

Urbina Soria, J. (2012). Percepción y comunicación de riesgos ambientales y su aplicación en la adaptación al cambio climático. *Ciencia* (63) 4.

Wilches-Chaux, G. (2006). *Brújula, bastón y lámpara para trasegar los caminos de la Educación Ambiental*. Bogotá: Ministerio de Ambiente, Vivienda y Desarrollo Territorial.

# LA HUELLA ECOLOGICA COMO UN INDICADOR DE SUSTENTABILIDAD Y SU APLICACIÓN EN EL PERÚ

Eric Rendón Schneir

Facultad de Economía y Planificación, Universidad Nacional Agraria – La Molina, Perú

*"Únicamente si aprendemos a ver el valor de la naturaleza en sí misma, la naturaleza permitirá que los humanos estemos mucho tiempo más. Debemos aprender a querer y cuidarla naturaleza, si queremos impedir destruirnos a nosotros mismos. Nuestra acción más importante es cuidar la naturaleza"*
**Richard Freiherr von Weizsäcker.**

## Resumen

El agua cubre el 70% de la superficie del planeta, y de este total sólo el 2,5% es agua dulce, y la zona andina posee el 95% de los glaciares tropicales del mundo, pero muchos de ellos están experimentando un preocupante retroceso, lo cual afectaría la disponibilidad de este recurso en los próximos años si no es manejado adecuadamente. La huella hídrica, es un indicador biofísico que mide el volumen total de agua dulce consumido por una unidad específica en estudio, que puede ser consumido por un individuo, un cultivo, un área geográficamente definida, o un país, y una región, y pertenece al grupo de indicadores planteados por la economía ecológica. En este sentido, el propósito del presente estudio es mostrar el estado del arte de la huella hídrica en el Perú, indicador que podría ser un importante instrumento para la gestión adecuada del agua, principalmente en ecosistemas que puedan tener problemas de escasez hídrica, en un contexto de cambio climático, y se muestran las posibilidades y ventajas de desarrollar el mencionado indicador.

**Palabras claves:** huella hídrica, economía ecológica, cambio climático.

## Los indicadores de sustentabilidad fuerte y débil

Entre el 3 y el 14 de junio de 1992 en la ciudad de Rio de Janeiro – Brasil, 178 países del mundo firmaron la declaración de Rio sobre Medio Ambiente y Desarrollo, habiéndose establecido la denominada Agenda 21. En dicho documento se expresaba la necesidad de definir indicadores para el concepto de sustentabilidad para proveer las bases sólidas a la toma de decisiones a todos los niveles y para contribuir "a la sostenibilidad autorregulada de sistemas ambientales y de desarrollo integrado" (CNUMAD, 1993).

En la figura 1, se muestran los indicadores de sustentabilidad fuerte que parten de conceptos conocidos y utilizados en biología y señalan límites y umbrales a partir de los cuales lo servicios ecológicos de los sistemas naturales comienzan a verse amenazados; asimismo se muestran los conceptos e indicadores de la sustentabilidad débil, y que se expresan en términos monetarios, mientras que los indicadores de sustentabilidad fuerte se expresan en unidas biológicas y/o biofísicas como toneladas métricas, litros, número de animales, especies, etc.

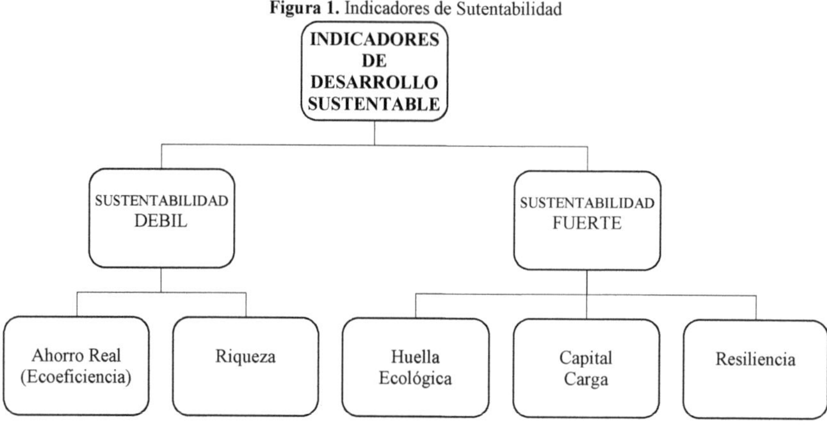

Figura 1. Indicadores de Sutentabilidad



Entre los indicadores de sustentabilidad débil se muestra, el ahorro real que se puede medir en términos monetarios y que a través de la ecoeficiencia, se reducirá el consumo de recursos, principalmente aquellos no renovables como los minerales, hidrocarburos, entre otros; la riqueza según la sustentabilidad débil es un indicador monetario de bienestar. Así, el Producto Bruto Interno per-cápita, que resulta de dividir el Producto Bruto Interno de un país entre la población, es una importante medida de riqueza de la población. Estos indicadores de sustentabilidad débil son sustentados por la Economía Ambiental, que plantea que el capital natural puede reducirse, a condición que con innovaciones tecnológicas, se pueda sustituir por otros recursos o materiales que puedan irse descubriendo.

De otro lado, existen los denominados indicadores de sustentabilidad fuerte, tales como la huella ecológica, la capacidad de carga y la resiliencia. La capacidad de carga se define como "el nivel máximo de individuos de una determinada especie que puede sobrevivir con los recursos disponibles en una determinada área" (Ehrlich, 1992); la huella ecológica por su parte, se refiere a "la carga impuesta por una determinada población sobre los recursos naturales y el medio ambiente, y representa el área biológicamente productiva, de tierra o mar, necesaria para sustentar los actuales niveles de consumo de recursos de esta población" (Wackernagel y Rees, 1996).

Si la huella ecológica es mayor que la capacidad de carga, entonces el ecosistema estará siendo sobreexplotado, debiendo por tanto importar recursos; en el caso contrario, si la capacidad de carga es mayor que la huella ecológica, el ecosistema podrá ser exportador de recursos naturales. En el caso que exista sobreexplotación de un ecosistema, lo que la sustentabilidad fuerte plantea es la resiliencia que se define como la capacidad de recuperación de un determinado ecosistema. Para lograr generar resiliencia, se tendría que repoblar las zonas afectadas con el recurso que se ha sido reduciendo, y se mide en términos biológicos (toneladas métricas, hectáreas, litros, et). La huella hídrica forma parte de este grupo de indicadores de sustentabilidad fuerte y tiene como base conceptual la economía ecológica, que plantea que el capital natural no debe reducirse, en la medida de lo posible.

- **El concepto de huella hídrica**

El Perú es el octavo país del mundo con mayor disponibilidad de agua, y el tercero en América Latina, tomando como referencia los datos de la base de datos de Aquastat de la FAO (www.fao.org). Ello sin embargo no significa que el país tenga una adecuada gestión hídrica, ya que existen diversos problemas como son: la concentración porcentual de la población en relación inversa a la disponibilidad del recurso hídrico, la dificultad de la inversión estatal en razón a la accidentada geografía peruana, y la amenaza latente del cambio climático, entre otros. La situación descrita ha hecho que en los últimos años aumente la iniciativa tanto privada como pública para mejorar la administración del recurso; en ese contexto el 13 de marzo del 2008 por Decreto Legislativo 997 se crea la Autoridad Nacional del Agua (ANA), adscrita al Ministerio de Agricultura, que es el ente rector y la máxima autoridad técnico-normativa del Sistema Nacional de Gestión de los Recursos Hídricos, y el 31 de marzo del año 2009 se promulga la ley 29338 de los recursos hídricos.

De este modo viene siendo pertinente la determinación de una línea base, mediante un diagnostico que nos permita tomar las medidas más adecuadas para la preservación del recurso agua. En ese contexto, el indicador de huella hídrica aparece en escena, introducido en el 2002 por el profesor Arjen Hoekstra de UNESCO-IHE (Instituto para la Educación sobre el Agua, adscrito a la UNESCO, con sede en Delft, Holanda) como un indicador alternativo del uso del agua; más adelante se desarrolló el concepto refinando los métodos del cálculo de la huella hídrica, los que se presentaron en diversas publicaciones realizadas y posteriormente en cooperación con varias instituciones internacionales se creó la Water Footprint Network el 2008, que tiene como objetivo coordinar los esfuerzos para desarrollar y difundir el conocimiento sobre los conceptos de huella hídrica, métodos y herramientas (Hoekstra, 2003, 2008a, 2008b, 2008c, 2009, 2010a, 2010b, Hoekstra & Chapagain, 2007, Hoekstra et al., 2011 y Allan, 2003).

La huella hídrica es un indicador que mide el volumen total de agua dulce consumido por una unidad específica en estudio, que puede ser un individuo, un cultivo, un área geográficamente definida, un país, entre otros. Se subdivide en tres componentes: el componente azul que corresponde al consumo de agua proveniente de fuentes superficiales y acuíferos; el componente verde que es el volumen total de agua consumida proveniente de las lluvias, y finalmente el componente gris que se refiere a la cantidad de aguan necesaria para diluir algún agente contaminante en el agua usada en el proceso de producción de un producto (Ver tabla 1).

**Tabla 1.** Comparación de las características del agua azul y verde

| CARACTERISTICAS | AGUA AZUL | AGUA VERDE |
|---|---|---|
| **Fuentes** | Ríos, lagos, reservorios, represas, estanques, acuíferos | Agua que se almacena en suelos no saturados y que puede ser absorbida por las raíces de las plantas |
| **Movilidad** | Altamente móvil | Altamente inmóvil |
| **Sustitución de fuentes** | Posible | Imposible |
| **Usos competitivos** | Muchos | Pocos |
| **Estructura para almacenamiento Y transporte** | Requerida | No requerida |
| **Costo de uso** | Alto | Bajo |

**Fuente:** Chapagain et al., 2005

En contraste con las huellas hídricas verde y azul, la huella gris es un indicador de implicaciones de la calidad de agua y no representan cantidades físicas de agua. En ese sentido, la huella hídrica gris es el volumen teórico de agua dulce que se requerirían para diluir o asimilar una carga de contaminantes en base a concentraciones en el entorno natural y estándares de calidad de agua del ambiente.

- **Antecedentes de la huella hídrica en el Perú**

La huella hídrica es un concepto relativamente nuevo en el Perú, y cada vez toma más importancia, habiendo adquirido mayor importancia a partir del año 2012, debido a la relevancia que le dieron diversos actores de la cooperación internacional; así, la Cooperación Suiza en Perú (COSUDE) viene interviniendo en el país desde hace 50 años con iniciativas en pro del desarrollo local y tiene como principal iniciativa del agua, al proyecto SuizAgua Andina que inició en octubre del año 2012. La finalidad del proyecto es la generación de la norma ISO para las huellas hídricas, la cual tendrá como objetivo la reducción de éstas por parte de las empresas y consumidores en el Perú y Chile. "La utilidad de la huella hídrica, en el caso de una empresa, es saber el agua que utiliza, si proviene de sitios donde puede haber escasez y si afecta a los ecosistemas, esa información es importante para tener un manejo eficiente del recurso…" así lo menciono el 6 de marzo del 2012 en una entrevista en una de las emisoras de radio más importantes del Perú (RPP Noticias) Sergio Pérez León, coordinador del proyecto SuizAgua Colombia.

Durante el 2012 se realizó también el Seminario Internacional de la Huella Hídrica, el cual tuvo como objetivos principales, desarrollar estrategias para el manejo integral de las cuencas, fomentar y aumentar los niveles de abastecimiento de agua potable superando toda clase de problemas, y también el desarrollo de una política integral que fomente el uso adecuado de agua. En ese mismo año se publicaron dos estudios de la Autoridad Nacional del Agua (ANA): la huella hídrica del esparrago y la del arroz, las que se describirán más adelante.

Durante el año 2013 se realizó una exitosa campaña de sensibilización sobre la huella hídrica en la ciudad de Arequipa, esta iniciativa fue producto de la cooperación de la ANA junto a la Autoridad Administrativa de Agua (AAA) Capliña- Ocoña, se difundió la campaña en la plaza de armas de la ciudad de Arequipa, participaron autoridades locales y regionales, público en general y conto con la asistencia de más de mil escolares originarios de Arequipa y Moquegua. En este mismo año el tema central de "Mistura", conocida feria gastronómica de la ciudad de Lima, fue la huella hídrica; a lo largo de todo el evento se difundió información sobre el agua y los recursos hidrobiológicos.

En ese mismo año 2013, se realizó el Taller de Fortalecimiento Profesional en Gestión Integrada de Recursos Hídricos, organizado por el Centro de Investigación en Geografía Aplicada (CIGA) de la Pontificia Universidad Católica del Perú (PUCP), en donde también hubo colaboración del ANA y del Global Water Partnership; la finalidad del taller fue la de recalcar la necesidad de un gestión integrada del agua que permita mejorar su administración en la costa, tanto el agua verde, como azul y de esta última tanto la superficial como la subterránea. Se diagnosticó la gestión actual del recurso hídrico llegando a la conclusión de la carencia de gobernabilidad a todo nivel; por este motivo el taller tuvo también como objeto la recolección de ideas que ayuden a mejorar esta situación, algunas de estas fueron el fortalecimiento institucional de las AAA, planes de desarrollo concertado, presupuesto participativo, realización de estudios y diagnósticos, entre otros. Se identificaron los aspectos negativos: falta de cultura (cívica y académica) frente al agua, falta de interés, carencia de planes, entre otros. Por último, una de las grandes conclusiones a las que se llego es que la forma de reducir los desequilibrios y perjuicios que se generan sobre los recursos hídricos es reduciendo la huella hídrica.

El Perú se ha convertido en el segundo país en Latinoamérica en medir su huella hídrica, luego de Colombia; esto tras la convocatoria de la Embajada de Suiza en el Perú y de la Cooperación Suiza (Cosude), en el marco del proyecto SuizAgua. La convocatoria tuvo como resultado que cinco empresas con operaciones en el Perú como Camposol, Duke Energy Perú, Mexichem, Nestlé Perú y Unacem hayan decidido medir, reducir su impacto y realizar una gestión eficiente del agua, desarrollando acciones de responsabilidad social corporativa en beneficio de sus stakeholders y maximizando su impacto positivo a nivel social, económico y ambiental.

- **Principales estudios de huella hídrica en el Perú**

En el año 2012, la Autoridad Nacional del Agua (ANA), realizó tres estudios de huella hídrica de arroz, espárrago y quinua, con el objetivo de cuantificar la cantidad de agua utilizada por estos cultivos. En el caso del arroz, la producción se ubica en la Costa y en la Selva; el espárrago en la Costa, y la quinua en la Sierra.

En el caso del arroz se comienza identificando los departamentos con más hectáreas (ha) de éste cultivo, siendo San Martin con 63,652 ha en promedio del año 2008 al 2011 el departamento con mayor área sembrada, seguido de Piura con 46,438 ha, Lambayeque con

38,221 ha, ambos durante el mismo periodo indicado, son los tres de dieciocho departamentos con las mayores extensiones de este cultivo. Del mismo modo, se muestra la producción de arroz por toneladas de cada departamento involucrado, siendo los tres más relevantes San Martin con una producción de 416,140 toneladas, Piura 381,973 toneladas y Lambayeque con 289,702 toneladas.

El trabajo se realizó de la siguiente manera: primero se obtuvo un mapeo de las zonas con productores de arroz; recogiéndose datos de 71 estaciones hidrometeorológicas que van desde los 12 hasta los 2740 msnm, proporcionados por el Servicio Nacional de Meteorología e Hidrología (SENAMHI). Para el caso de la huella hídrica gris el principal contaminante es el nitrógeno y se ha considerado que el 90% es asimilado por la planta y el 10% se lixivia percolándose hacia el agua subterránea de modo que la huella hídrica gris, utilizando los estándares de calidad ambiental (ECA), para la costa es 2062,8 m³/ha y para la selva es 324,6 m³/ha. Los departamentos de mayor consumo de agua son Lambayeque, Piura y La Libertad. De la huella hídrica total el 7% corresponde a la huella hídrica gris, el 9% corresponde a la huella hídrica verde y el 84% corresponde a la huella hídrica azul. Finalmente se presenta la huella hídrica verde, azul y gris de cada departamento expresado en m³/ton y hectómetros cúbicos (hm³). En promedio la huella hídrica total del arroz en el Perú es 6496,04 m³/ton.

En el caso del espárrago, los departamentos con mayor cantidad de hectáreas destinadas al cultivo del esparrago del año 2008 al 2010, fueron Ancash, Ica, La Libertad, Lambayeque, Lima y Piura. La Libertad cuenta con la mayor extensión cosechada con 13,612 ha y 132,459 toneladas, seguido del departamento de Ica, con 11,752 ha y 104, 526 toneladas.

En el trabajo se muestra un mapa con la ubicación de los principales distritos productores, que se encuentran en su totalidad en la costa. Los diez principales distritos aportan el 80,84% de la producción total y el distrito de Chao en el departamento de la Libertad, representa el 27.3% de toda la producción nacional con 71696.25 ton/año. Se emplearon datos de un total de 20 estaciones hidrometeorológicas del SENAMHI que van desde los 30 hasta los 620 msnm. Luego se presentan los requerimientos de agua en las veinte estaciones siendo las de Copara con 15 444 m³/hectárea y San Camilo con 15 191 m³/hectárea las que mayor volumen de agua consumen.

Se presenta la huella hídrica promedio por cada departamento siendo los departamentos más relevantes los de Ica con el 51% del total y La Libertad con el 31% los más relevantes. También se muestra la proporción de cada componente de la huella hídrica, siendo el componente azul el más relevante conformando el 84% del total. Finalmente se presenta la huella hídrica por departamento, subdividida en cada uno de sus componentes, siendo el departamento de Ica el de mayor consumo de agua con la cifra de 201,4 hm³/año.

La quinua se cultiva en trece departamentos, siendo la producción media anual en el periodo 2001 – 2012 de 33,450 toneladas, de este total el departamento de mayor producción fue Puno con 78% del total. La época de siembra se inicia en diciembre y su periodo vegetativo total mínimo es de 150 días (5 meses). En general la quinua se siembra en condiciones de secano (sin riego). En la mayoría de zonas donde se encuentra este cultivo hay problemas de estrés hídrico lo cual puede estar asociado a bajos rendimientos por lo cual invertir en sistemas de riego significaría un aumento de la producción y una mayor eficiencia. La quinua es un recurso natural de alto valor nutritivo, un alimento de alta calidad para la salud (nutracéutico) y es una especie nativa con muchas variedades que es la base de la seguridad alimentaria en una zona de altos pobreza. Asimismo es actualmente un producto de exportación no tradicional de demanda creciente: en 1997 se exportaban unas 2 toneladas, en el 2012 esta cifra fue de 10,275 toneladas, con destino a 36 países de los cuales Estados Unidos con 65% era el principal comprador. El monto total de la transacción fue de US$ 30 millones. La FAO declaro el 2013 como el año internacional de la quinua.

La quinua muestra su mayor variedad de especies en los alrededores del lago Titicaca; llegó a adaptarse a diferentes condiciones agroclimáticas, edáficas y culturales desde el nivel del mar hasta los 4000 msnm y desarrolló usos diversos en diferentes comunidades. La quinua se considera un cultivo resistente a la sequía, sin embargo en un estudio de rendimientos de dos variedades del cultivo con y sin riego, se observó que este aumenta su rendimiento en 180%. Su cultivo tradicional es generalmente rotativo, sembrándose luego de una gramínea (maíz o trigo en la costa, cebada o avena en la sierra). Sin embargo el uso de fertilizantes sigue siendo necesario. En el caso de bajas tecnologías se utiliza 174 kg/ha de urea al 46% y 88 kg/ha de superfosfato de calcio triple al 46%. En suelos andinos no se aplica potasio por la gran disponibilidad natural de este elemento; sin embargo en cultivos comerciales de quinua las cifras de aplicación son las siguientes: 523 kg/ha de urea, 435 kg/ha de superfosfato triple de calcio y 134 kg/ha de cloruro de potasio al 60%.

Para obtener los datos se utilizó información de 122 estaciones meteorológicas del SENAMHI. El área de estudio estuvo conformada principalmente por 14 departamentos, 96 provincias y 808 distritos, en donde la huella hídrica promedio nacional (2001-2012) del cultivo quinua fue de 3841.47 m³/t, asimismo el rendimiento promedio nacional fue de 1,19 t/ha. La huella hídrica por componentes va de la siguiente manera: la verde alcanza el 80% y los 3067 m³/t, la gris 14% y 535 m³/t; y la azul el 6% y 211 m³/t. Se pudo apreciar en los resultados el efecto de la altura sobre el cultivo, con requerimientos mínimos de agua entre los 2500 y 4100 msnm, que concuerdan con la realidad porque la quinua generalmente se siembra en secano. Esto se debe a que el agua almacenada en el suelo proveniente de la lluvia suele ser suficiente para cubrir las demandas hídricas de la quinua, sin embargo esto hace que la quinua sea un cultivo muy vulnerable a cambios en la precipitación.

Rendón (2009) estudió la agricultura del valle de Ica en el periodo de 1950 al 2007 y midió los impactos ambientales, principalmente los relacionados con el uso de agua en la actividad agrícola, buscando encontrar el equilibrio entre el desarrollo económico generado por la agroexportación local y la gestión sostenible de los recursos naturales locales, en especial del agua.

El capítulo cuatro centra la investigación en el uso del agua con fines agrícolas, utilizando el concepto de huella hídrica agraria en el valle de Ica y muestra la evolución histórica de los 13 cultivos principales del valle y su utilización de agua entre 1950 y 2007, así como las hectáreas sembradas. En promedio total entre 1950 y 2007, el algodón utilizo el 56% del agua disponible en el valle, seguido por el esparrago con 9%. Durante todo este periodo del volumen total de agua consumido el 91% fue utilizado para la agricultura, el 7% para el consumo humano y el 2% para otros fines. Se tomaron tres años para evaluar los cambios en el uso de agua para esta región. En 1950 el algodón consumía el 84% del agua, en 1980 ese porcentaje disminuyo al 58% y el 2007 fue 22% para el algodón y 35% de agua fue consumida por el esparrago (Rendón, 2009).

Para el caso del valle de Ica el panorama es distinto a lo antes planteado, dada la muy desigual distribución de agua del país. En el valle la disponibilidad de agua es 2733 m³/cápita/año, muy por debajo del promedio nacional y mundial. Según UNESCO (2007), entre 180 países, el Perú ocupa el puesto 17 con 68,321 m³/cápita/año, pera está cifra es el promedio nacional, varia significativamente entre las regiones del país. Cuando existen niveles de disponibilidad inferiores a los 1000 m³/cápita/año, se tiene una situación de escasez de agua y cuando se está en un nivel entre 1000 y 1700 m³/cápita/año, se tiene el denominado estrés hídrico de (Falkenmark, 1989). En el Perú existen dos casos preocupantes: la cuenca del río Caplina en Tacna que cuenta con 107 m³/hab/año, y la cuenca del rio Rímac en Lima, que dispone de 126 m³/hab/año.

En un estudio realizado por Zárate y Kuiper (2013) se muestra una aplicación del concepto de huella hídrica a dos muestras de productores de banano en la provincia de Sechura, departamento de Piura en Perú y en la provincia de Oro en Ecuador. Se realizó la medición del volumen total de agua dulce considerando tanto la fase agrícola como la fase del procesamiento del banano para exportación, se realizó un análisis de sostenibilidad de las huellas hídricas y se formularon estrategias de reducción. Para el cálculo de la huella hídrica se utilizó en ambos casos el software CROPWAT, los datos climáticos para este propósito se interpolaron mediante el modelo New_LocClim (FAO), se usaron datos del suelo recolectados por Agrofair Sur, los parámetros del cultivo fueron los recomendados y se recogieron los datos de irrigación, para completar la información requerida por el software.

Los resultados fueron los siguientes la huella hídrica promedio para la muestra ecuatoriana fue de 576 m³/t y de 599 m³/t para la muestra peruana, lo cual es equivalente a 11 y 11.4 m³/caja de fruta respectivamente. Ambas zonas poseen una temporada seca y una húmeda, siendo generalmente la proporción de riego mayor en la primera de éstas. En el caso peruano el 94% corresponde al componente azul de la huella hídrica, mientras que en Ecuador ésta solo es el 34% del total; esto se debe a que en la provincia de Oro a q existe un nivel más alto de precipitación en ésta. En ambas regiones la huella hídrica azul es más del 99% en la fase agrícola, con una mínima contribución en la fase de empaque. Debido a esto todo esfuerzo por mejorar la eficiencia del uso del agua azul sería muy beneficioso, en especial para el caso del Perú.

La importancia de este estudio en particular, se debe en primer lugar a que el banano es un cultivo con un rendimiento muy sensible a la escasez de agua, no solo en relación a la cantidad producida sino también a la calidad. Además la mayoría de agricultores no controla el volumen de agua que usa para la irrigación por aspersión y por inundación y en muchos casos la planta no llega a obtener el agua requerida, siendo insuficiente en algunos periodos y abundante en otros. Esta última situación ocasiona la perdida de nutrientes del suelo y la generación de evapotranspiración no productiva para el cultivo. La recomendación a futuro dado el adverso panorama, es la inversión en obras hidráulicas que permitan almacenar el agua para poder irrigar la planta en periodos más constantes y empleando una menor cantidad de agua.

## Algunos comentarios finales

El desarrollo del concepto de huella hídrica, ha permitido el desarrollo de una gama de distintos enfoques sobre cómo y para qué evaluar una huella hídrica en un contexto más amplio de gestión de los recursos naturales y los recursos hídricos en particular.

El análisis a nivel de cuenca permite brindar un contexto de análisis necesario a partir de los resultados de contabilidad de huella hídrica. Complementariamente, si se sesea medir huella hídrica de determinados productos agrícolas o de usuarios del agua de manera más general, la medición debe de estar orientada por el contexto económico del país, teniendo en cuenta las cadenas de valor existentes y las políticas de comercio interno y externo.

En este sentido, la huella hídrica debe generar respuestas, ya sea del sector público, del sector privado o de los consumidores, siendo el rol de la huella hídrica, apoyar a que el gobierno y la sociedad civil tome decisiones sobre el uso y consumo del agua, en la medida en que la información generada a través de este instrumento, contribuya a aumentar el conocimiento existente acerca de la gestión del agua. Con la medición de la huella hídrica, se esperar que el sector generar acciones de regulación y de gestión del agua, con el fin de transmitir información y así mejorar las políticas y planificación de la gestión hídrica y orientar el crecimiento económico de manera sostenible.

## Referencias

Allan, J.A. (2003). Virtual water – the water, food, and trade nexus: Useful concept or misleading metaphor?. Water International 28(1): 106–113.

Allen, R.G., Pereira, L.S., Raes, D. y Smith, M. (1998). Crop evapotranspiration: Guidelines for computing crop water requirements, FAO Irrigation and Drainage Paper 56, Roma, 300 pp.

Bernex. N. (2013). Taller de Fortalecimiento Profesional en Gestión Integrada de Recursos Hídricos. Centro de Investigación en Geografía Aplicada, Pontificia Universidad Católica del Perú, Lima, Perú.

CNUMAD, (1993). Conferencia de Naciones Unidas sobre Medio Ambiente y Desarrollo, 3 al 14 de Junio de 1992, Rio de Janeiro – Brasil.

COSUDE. (2014). http://cooperacionsuizaenperu.org.pe/suizagua Página principal de la Cooperación Suiza.

Chapagain, A.K. y Hoekstra, A.Y. (2005). Water footprints of nations, Value of Water Research Report Series No.16, UNESCO-IHE, Delft.

Duke Energy Perú (2013). Primera empresa generadora de energía que medirá su huella hídrica (noticia). http://www.stakeholders.com.pe/index.

Ehrlich P. (1992), "Ecological Economics and the Carrying Capacity of the Earth" Comunicación presentada al II Congreso de la Sociedad Internacional de Economía Ecológica (ISEE). Estocolmo, 3-6 Agosto.

Falkenmark, M. (1989). The massive water scarcity now threatening Africa: Why isn´t it being addressed? Ambio 18(2): 112–118.

Fonseca S.S.E., Verano Z.C. y Mariluz S.J.C. 2012a. Huella hídrica del esparrago. ANA, Perú.

Fonseca S.S.E., Verano Z.C. y Mariluz S.J.C. 2012b. Huella hídrica del arroz. ANA, Perú.

Fonseca S.S.E., Verano Z.C. y Mariluz S.J.C. 2012c. Huella hídrica de la quinua. ANA, Perú.

Hoekstra, A. Y. (ed.) 2003. Virtual water trade: Proceedings of the International Expert Meeting on Virtual Water Trade, 12–13 December 2002, Value of Water Research Report Series No 12, UNESCO-IHE, Delft.

Hoekstra, A. Y. (2008a). Water neutral: Reducing and offsetting the impacts of water footprints, Value of Water Research Report Series No 28, UNESCO-IHE, Delft.

Hoekstra, A. Y. (2008b). The relation between international trade and water resources management. En K. P. Gallagher (ed) Handbook on Trade and the Environment, Edward Elgar Publishing, Cheltenham, pp116–125.

Hoekstra, A. Y. (2008c). The water footprint of food. En J. Förare (ed) Water For Food, The Swedish Research Council for Environment, Agricultural Sciences and Spatial Planning, Estocolmo, pp 49–60.

Hoekstra, A. Y. (2009). Human appropriation of natural capital: A comparison of ecological footprint and water footprint analysis, Ecological Economics 68 (7): 1963–1974.

Hoekstra, A. Y. (2010a). The relation between international trade and freshwater scarcity, Working Paper ERSD-2010-05, January 2010, World Trade Organization, Ginebra.

Hoekstra, A. Y. (2010b). The water footprint of animal products. En J. D'Silva y J. Webster (eds) The Meat Crisis: Developing More Sustainable Production and Consumption, Earthscan, Londres, pp 22–33.

Hoekstra, A. Y. y Chapagain, A. K. (2007). Water footprints of nations: Water use by people as a function of their consumption pattern, Water Resources Management, 21 (1): 35–48.

Hoekstra, A.Y., Chapagain, A.K., Aldaya, M.M. y Mekonnen, M.M. (2011). The Water Footprint Assessment Manual: Setting the Global Standard, Water Footprint Network, Earthscan, Londres,

Labandeira X. (2007). Economia Ambiental, Pearson, Prentice Hall, Madrid – España.

Rendón S.E. (2009). Agro exportación, desempeño ambiental y propuesta de manejo sostenible de recursos hídricos en el valle de Ica 1950 – 2007. Tesis doctoral en Economía ambiental y de los Recursos Naturales, Universidad Nacional Autónoma de México y Universidad Nacional Agraria La Molina, Lima.

Zárate, E., Kuiper, D. (2013). Evaluación de Huella Hídrica del banano para pequeños productores en Perú y Ecuador. Good Stuff Internacional, Suiza.

Wackernagel M. y Rees W. (1996). "Our ecological footprint: reducing human impact on Earth" New Society Publishers.

# ECOEFICIENCIA EN PROCESOS PRODUCTIVOS: UNA CONTRIBUCIÓN A LA SUSTENTABILIDAD EN LA PRODUCCIÓN AGROALIMENTARIA


José Llanos[1], Teresa Sepúlveda[1], Marcos Ortuya[1], Loreto Bravo[1],
Rina Aramayo[1], Daniela Vera[1], Paula Del-Campo[1], Patricia Aguirre[2], Ricardo Muñoz[3]

[1]Departamento de Gestión Agrariade la Universidad de Santiago de Chile,
[2]Instituto de Postgrado de Universidad Técnica del Norte
[3]Programa Prometeo (SENESCYT), Instituto de Postgrado de la Universidad Técnica del Norte


*"Para que los hombres den un sólo paso para dominar la naturaleza por medio del arte de la organización y la técnica, antes tendrán que avanzar tres en su ética"*
**Friedrich Leopold Freiherr von Hardenber.**

## Resumen


Este artículo presenta un análisis de los aspectos principales a considerar en el proceso productivo para que a través de prácticas conducentes a un desarrollo productivo sostenible permita una diferenciación del producto final, facilitando su adaptación a un escenario comercial en el que se ha incrementado la preocupación de los consumidores. Se presenta una propuesta metodológica para calcular la ecoeficiencia en donde se toma en cuenta la generación de residuos y desechos, el consumo de materiales, consumo de agua y de energía en los procesos productivos. Sin embargo en base a cada uno de los ámbitos analizados se concluye que estos no son suficiente para ser considerado como una medida del nivel de ecoeficiencia. Para que así sea, deben ser estimados en función de la productividad de la faena (producción por unidad de tiempo); es decir, un indicador compuesto, pues a partir de ambas relaciones, se podrá obtener una perspectiva del proceso en la cual se visualice la producción usando la menor cantidad de insumos, paralelamente, minimizando su impacto ambiental.


## Introducción

La competitividad del sector agroalimentario de exportación en Chile, se está viendo afectada por la presión existente por la conservación del medioambiente desde los mercados de destino. Evidentemente, el productor agroalimentario exportador no tiene ninguna injerencia sobre las condiciones de mercado, más aún debe adaptarse constantemente a ellas, por tanto, su labor se encuentra en el control de la gestión interna, en pro de incrementar su eficiencia técnico-económica y de lograr una mayor versatilidad de su proceso de producción.

Además, el reconocimiento de prácticas conducentes a un desarrollo productivo sostenible permite una diferenciación del producto final, facilitando su adaptación a un escenario comercial en el que se ha incrementado la preocupación de los consumidores, por ejemplo, respecto de la emisión de dióxido de carbono a la atmósfera, la generación de desechos y el tratamiento de residuos, del consumo de materiales, de agua y de energía en los procesos productivos. Dicho cambio en el patrón de consumo, se encuentra orientado por la tendencia hacia un desarrollo sostenible, desembocando en un consumo sostenible definido como:

> *"El uso de bienes y servicios que responden a necesidades básicas y proporcionan una mejor calidad de vida, al mismo tiempo que minimizan el uso de recursos naturales, materiales tóxicos y emisiones de desperdicios y contaminantes sobre el ciclo de vida, de tal manera que no se ponen en riesgo las necesidades de futuras generaciones". (Simposio de Oslo en 1994, definición adoptada por la tercera sesión de la Comisión para el Desarrollo Sostenible (CSD III) en 1995).*

- **Concepto de ecoeficiencia**

El tema fue publicado por primera vez en el libro Changing Course escrito por Schmidheiny (1992), publicación que buscó cambiar la percepción de la industria, concientizando que es un importante integrante más del problema de degradación ambiental, como también un actor fundamental para la solución hacia la sostenibilidad y desarrollo mundial, pudiendo contribuir a dicha solución mediante una mirada ecoeficiente de los procesos de producción.

Las empresas ecoeficientes fueron definidas como aquellas que crean valor y servicios más útiles, mientras que demuestran preocupación por la reducción de uso de recursos y contaminación. Todo esto se logró a través de estudios de caso de diferentes empresas, en las cuales se pudo comprobar que la ecoeficiencia se puede poner en práctica con resultados tangibles, además de incluir su aplicación en cualquier compañía independiente de su tamaño, ámbito de trabajo, origen, entre otros.

El Consejo Mundial de Empresas para el Desarrollo Sostenible (WBSCD) definió ecoeficiencia como el:

> *"Suministro de bienes y servicios con precios competitivos, que satisfacen las necesidades humanas y dan calidad de vida, al tiempo que reducen progresivamente los impactos ecológicos y la intensidad de uso de los recursos a lo largo de su ciclo de vida, a un nivel por lo menos acorde con la capacidad de carga estimada de la Tierra. En pocas palabras, se relaciona con crear más valor con menos impacto" (WBSCD, 2000).*

Otra definición es la que entrega la Organización para la Cooperación y el Desarrollo Económico (OCDE), donde se refiere a la ecoeficiencia como:

> *"La eficiencia con la cual se usan los recursos ecológicos para satisfacer las necesidades humanas, y la calcula a través de un cociente entre una entrada (suma de las presiones ambientales generado por la empresa, sector o economía) y una salida (valor de los bienes o servicios producidos por la empresa, sector o economía)" (Bastante et al., 2005).*

La ecoeficiencia es un concepto que se enfoca en lo que es protección ambiental y al uso de los recursos naturales, como materias primas e insumos. Analiza dos elementos asociados a la producción de bienes y servicios (Leal, 2005):

1. *Contaminación:* Medir las emisiones de gases contaminantes al medio ambiente, a través de indicadores que sean prácticos y que permitan de comparabilidad entre ellos.
2. *Recursos Naturales:* Los indicadores de ecoeficiencia para avaluar los recursos naturales, tienen como objetivo medir el aumento o disminución de la productividad generada en relación al uso de los recursos. Estos indicadores son específicos para cada empresa, no se puedan extrapolar, por lo que hay que adaptar cada indicador a cada realidad.

Las empresas analizan los diversos problemas de contaminación por medio de la gestión del cumplimiento, luego mediante un programa de producción limpia (prevención de la contaminación proactiva), posteriormente, a través de la ecoeficiencia, y por último, con un programa de responsabilidad social corporativa, todos con el propósito de equilibrar los pilares de la sostenibilidad: la ecoeficiencia está siendo incorporada por medio de indicadores y programas de acción para la protección de medio ambiente (Díaz, 2006).

- **Indicadores de ecoeficiencia**

Leal (2005), señala la importancia de la inexistencia de indicadores de ecoeficiencia, los cuales en algunos casos se confunden con aquellos que entregan información del impacto sobre el medio ambiente. Por esto, dichos indicadores son una adaptación y selección de los indicadores tradicionales para medir la sustentabilidad. Este autor, establece siete elementos básicos que las empresas ecoeficientes incorporan dentro de su programa:

1. Reducción en la utilización de material;
2. Reducción en la utilización de energía utilizada;
3. Reducción en la generación y dispersión de material toxico o peligroso;
4. Apoyo al reciclaje;
5. Extensión durabilidad de los productos, y;
6. Aumento del nivel de calidad de los bienes y servicios entregados.

Asimismo, releva la importancia de la inexistencia de indicadores de ecoeficiencia confundiéndose en algunos casos con aquellos que entregan información del impacto sobre el medio ambiente. Por esto, dichos indicadores son una adaptación y selección de los indicadores tradicionales para medir la sustentabilidad.

El WBSCD (citado por Leal, 2005), según los principios formados en la Cumbre de Rio sobre políticas ambientales, estableció indicadores ecoeficientes válidos para empresas de cualquier índole. Estos fueron catalogados como *"indicadores generales"*, los cuales se caracterizan principalmente por ser relativamente universales en lo referido a la protección ambiental y relacionarse con los problemas en este ámbito que actualmente atañen al mundo empresarial. La segunda clasificación está referida a *"indicadores específicos"* los cuales pueden ser creados de acuerdo a las necesidades puntuales de cada empresa. Una política ecoeficiente completa, debe contener ambos arquetipos de indicadores. Los indicadores generales son:

1. Consumo de energía
2. Consumo de materiales
3. Consumo de agua
4. Emisiones de gases con efecto invernadero
5. Emisiones de substancias que dañan la capa de ozono
6. Indicadores financieros
7. Emisiones ácidas al aire
8. Generación total de residuos sólidos

Según Picazo-Tadeo *e. al.* (2011), el nivel de ecoeficiencia de un proceso productivo se puede estimar por medio del uso de indicadores que conjugan el valor económico de un producto y el impacto ambiental que genera, pudiendo utilizar parámetros sencillos, como el PIB y la emisiones de $CO_2$ en un nivel macro o micro o el volumen de producción por unidad de residuos. Sin embargo, su simplicidad puede contener deficiencias asociadas a las diferentes combinaciones de productos e impactos ambientales que se pueden obtener en un mismo proceso de producción.

Entonces, una forma de estimar la ecoeficiencia es a través de la formulación de indicadores específicos con base en la Productividad del Recurso (eco-productivity), o en la Intensidad de Recurso (eco-intensity). Estos indicadores permiten una evaluación específica por cada recurso o insumo utilizado. Los valores que genera el indicador Productividad de Recurso, indican que en la medida que el valor aumente en un determinado período, mejora el desempeño de la ecoeficiencia en ese recurso evaluado. Los valores del indicador Intensidad de Recurso, señalan que en la medida que el valor disminuya, mejora el desempeño de la ecoeficiencia (Fürst, 2002).

**Figura 1:** Indicadores utilizados para la ecoeficiencia.

$$\frac{R}{Y};\frac{C}{Y} \qquad\qquad \frac{Y}{R};\frac{Y}{C}$$

| Intensidad de Recurso: | Productividad del Recurso: |
|---|---|
| R= Recursos naturales consumidos (agua, energía, materiales) | Y= Volumen o valor del producto |
| C= Carga de contaminante generada | R= Recursos naturales consumidos (agua, energía, materiales) |
| Y= Volumen o valor del producto | C= Carga de contaminante generada |

**Fuente**: Fürst, 2002.

Las unidades de medida para cada factor en estudio (R, Y y C) van a depender de los aspectos a estudiar. Para el caso de Y (volumen o valor de producto) se consideran unidades de medida como ingreso (dinero) o producción (kg, o ton.); para R, depende del recurso natural en estudio, si es agua tiene que ser una unidad volumétrica como litros o metros cúbicos; y para C, depende del enfoque que tenga la medición.

**-   Propuesta metodológica para la elaboración de indicadores específicos**

**Consumo de energía**

Para poder obtener un cálculo de ecoeficiencia, se mide la eficiencia desde un punto de vista ambiental, agrupando en renovables y no renovables las fuentes de energía utilizadas en el proceso. Considerando que la medición de las fuentes energéticas no se realiza en la misma unidad, se propone su estandarización, por ejemplo, en Kcal.

A partir de la metodología elaborada por Farrell (1957), es posible elaborar una frontera de eficiencia o función de producción empírica, que se da a partir de los datos disponibles que son objeto de estudio. Las unidades que determinan esta frontera, son llamadas unidades eficientes, las que no pertenecen a esta, son denominadas ineficientes. Por lo tanto este método, permite evaluar la eficiencia tanto técnica como económica de las unidades en estudio. Farrell desechó la idea de eficiencia absoluta basada en alguna situación teórica o ideal previamente definida, o la resultante de la comparación con la productividad media. Propuso como alternativa más real alguna media de eficiencia relativa, expresión de la desviación observada respecto a aquella situación que reflejara mayor eficiencia productiva en un grupo representativo y homogéneo. Cada organización o unidad productiva individual es puesta en relación con aquéllas consideradas más eficaces, comparación de la que se desprenderá el grado de (in)eficiencia de cada una de ellas.

Seguido, es necesario calcular el consumo de cada fuente de energía usada conforme a sus características, siendo el patrón de utilización la suma de energías renovables y no renovables para la obtención de un kilo de producto por unidad de tiempo, generándose una relación dos input y un output, siendo entonces:

*Input (x1): energías renovables (Kcal)*
*Input (x2): energías no renovables (Kcal)*

Output (Y): kilo de producto por unidad de tiempo del proceso.
Así, se determinan dos indicadores:

*(x1/Y): Kcal de energía renovable/kg de producto*
*(x2/Y): Kcal de energía no renovable/kg de producto*

La elaboración de una frontera ecoeficiente permite determinar el nivel de ecoeficiencia alcanzado en la utilización de los insumos energéticos dentro del proceso de producción, procurando priorizar la utilización de fuentes de energía renovables, realizando constantemente un análisis de consumo, minimizando el uso de energía no renovable, comúnmente proveniente de combustibles fósiles. Eso sí, todo lo anterior relacionado con la productividad del proceso.

**Consumo de materiales**

La gestión de materiales e insumos del punto de vista ambiental se basa en la implementación de 3 criterios (MINAM, 2009):

1. La decisión de compra de productos y servicios: punto relacionado con la adquisición o compra responsable de materiales.
2. El uso adecuado de productos y servicios: trata el tema de materiales comprados, su uso seguro y controlado evitando entre otras cosas accidentes del personal.
3. En el manejo adecuado de residuos: este punto verifica que en mayor medida el ciclo de vida de los materiales adquiridos centrándose en su deposición o posterior reciclado.

Las nuevas normas acerca de embalajes que se están implementando a nivel mundial tienen por principal objetivo, referente al medio ambiente, reducir la cantidad de envases que entra en la corriente de desechos de residuos sólidos y que se reducen en vertederos o se incineran. Se estima que los materiales provenientes de envases y embalajes representan entre un 25% y un 30% del total de desechos generados por una familia media en los países europeos. Las reglamentaciones creadas no solo afectan a consumidores, sino que también a fabricantes. Estas tienen por misión fomentar y obligar a los fabricantes a reutilizar varias veces el material de embalaje y a reciclar el material que no puede utilizarse más de una vez. Además, pueden imponerse normas de embalaje para disminuir la proporción de recursos que entran en la fabricación de envases o bien desaconsejando el empleo de materiales, como el plástico, cuya elaboración requiere de más energía y recursos naturales como agua (Larach, 1998).

Actualmente, los sistemas de embalaje tradicionales para exportación de fruta están siendo sustituidos como ocurrió hace algunos años en embalajes, con el reemplazo de la madera por materiales más inocuos como el plástico. Por ser este último, un material de alto contenido energético, está disminuyendo su uso, siendo sustituido por materiales de fácil reciclaje como el cartón. Esta es una de las muchas maneras de pensar en el medioambiente y que beneficia la transmisión de una buena imagen de la Empresa hacia los consumidores (ELTETE, 2012).

Así, considerando lo anterior, es viable la elaboración de un indicador de eco-intensidad de kilos de plásticos utilizados, correspondiente a la carga de contaminante por kilogramos de cartón (Fürst, 2002). Por ejemplo, para el caso de la exportación de frutas frescas, la estrategia de selección de los tipos de embalaje va en directa relación con la calidad de la fruta que ingresa a proceso (materia prima), y esta a su vez, está relacionada con su mercado de destino. Entonces, el indicador de eco-intensidad deberá incorporar la capacidad del embalaje (volumen y/o peso).

Existen tipos de embalajes que poseen una relación plástico/cartón menor a 1, tendiente a cero, generalmente, enviados a mercados más exigentes en cuanto a calidad de fruta como son Inglaterra y Canadá, y que además, poseen consumidores con una conciencia ambiental presente. En cambio, otros tipos de embalaje, en que la proporción de plástico/cartón es mayor a 1, destinado a mercados distantes como Lejano Oriente, preparados para que la fruta pueda resistir un viaje más largo, creando un ambiente que mantenga por más tiempo la calidad del producto.

**Consumo de agua**

Un indicador específico que entregue elementos de análisis para una gestión ecoeficiente del recurso hídrico es la huella hídrica (Water Footprint en inglés), la cual mide la apropiación del recurso, respecto del agua dulce. La huella hídrica de un producto es el volumen de agua utilizada para producir el producto, medidos a lo largo de la cadena de suministro. Es un indicador multidimensional, que muestra los volúmenes de consumo de agua por fuentes y volúmenes de contaminación por cada tipo de contaminación. La Huella Hídrica total de un proceso o producto (litros/kg), se compone de la sumatoria de tres elementos (Hoekstra et al., 2011):

1. *Huella de Agua Azul (HA azul:* La huella de agua azul es un indicador de uso consuntivo de agua dulce de superficie o subterránea. Mide la cantidad disponible de agua en el período que se consume (es decir, el agua no se devuelve a la misma cuenca hidrográfica). Proporciona una medición de volumen de agua azul que ha sido consumida. Su unidad se expresa en el volumen de agua por unidad de tiempo (día, mes o año), por unidad de área o en términos de volúmenes de agua por unidad de producto, dividiendo la cantidad de producto que deriva del proceso.
2. *Huella de Agua Verde (HA verde):* El agua verde es el agua de la precipitación en la tierra que genera escorrentía o que forme parte de las aguas subterráneas, pero que se mantenga en la vegetación. La huella de agua verde es el volumen de agua de lluvia que es consumida por las plantas durante su proceso de producción. Su cálculo es muy similar al cálculo de la huella de agua azul.
3. *Huella de Agua Gris (HA gris:* La huella de agua gris de un proceso es un indicador que mide el grado de contaminación de agua dulce asociada a dicho proceso. Se refiere al volumen de agua que se necesita para diluir los contaminantes hasta que se vuelvan inofensivos de acuerdo a las normativas de calidad de aguas existentes.

Por ejemplo, el agua necesaria para diluir los fertilizantes, pesticidas y herbicidas aplicados en el proceso de producción agrícola: el Nitrógeno en su forma de nitrato, es muy susceptible a la pérdida por lixiviación y percolación; el agua de lluvia y de riego lixivia fácilmente al nitrato hacia abajo del perfil o moviéndolo a las aguas subterráneas (Civeira et al., 2011).

En este caso, el indicador utilizado se relaciona con la "Productividad del Recurso", el cual asocia el volumen o valor del producto (kg/planta) con la carga de contaminante generada (litros/planta). Este indicador, entrega información de la unidad de producción jerarquizando la productividad por planta de acuerdo a la carga de contaminante generada.

En el caso del componente gris se generan diferencias en el indicador, además del rendimiento y la cantidad de fertilizante aplicado, la tecnología con que es aportado Nitrógeno, como puede ser el caso de la fertirrigación. Este componente es un valor que sirve como guía para la formulación y evaluación de mejoras en el proceso de producción, eso sí, para un completo uso de este indicador se hace necesario su seguimiento a través del tiempo, para así identificar las acciones que permitan una reducción del mismo.

1. *Emisiones de gases efecto invernadero:* Para la elaboración de indicadores específicos en este ámbito, es necesario conocer la totalidad de las fuentes emisoras de GEI presentes en un proceso en estudio. Por ejemplo, pueden éstas ser identificadas en función de sus alcances (SERNATUR, 2013).
2. *Directa:* corresponden a las emisiones directas de la empresa producto de sus actividades y/o procesos. Dentro de este alcance se encuentran emisiones por: vehículos propios, gases refrigerantes, equipos a combustión y actividad silvoagropecuaría.
3. *Indirecta (electricidad):* corresponden a las emisiones indirectas producto del consumo de electricidad, siempre y cuando, la fuente sea renovable convencional.
4. *Indirecta:* corresponden a emisiones indirectas producto de actividades o acciones de terceros. Dentro de este alcance se encuentran emisiones por: vehículos ajenos a la empresa, viajes aéreos por negocios y generación de residuos.

Una vez identificadas las fuentes energéticas, se requiere que éstas sean complementadas con sus respectivos factores de conversión específicos, siendo calculadas en kilogramos de $CO_2$ equivalente (kgCO2e). Así, utilizando la técnica las fronteras eficientes de Farrel (1957), para estimar la eficiencia técnica bajo un modelo de un 1 input – 2 outputs. Por ejemplo:

*Output (y1): emisiones directas (kgCO2e)*
*Output (y2): emisiones indirectas (kgCO2e)*
*Input (X): producción por unidad de tiempo del proceso*

Así, se determinan dos indicadores:

*(y1/X): kgCO2e desde emisiones directas/kg de producto*
*(y2/X): kgCO2e desde emisiones indirectas/kg de producto*

Debido a que los outputs son indeseados, el análisis se hace de forma inversa, según lo planteado por Seifor y Zhu (2002), los puntos que forman la frontera eficiente serán ineficientes (0% eficiencia) y mientras más alejados se encuentren los puntos de ella mayor será su eficiencia.

**Generación de residuos y desechos**

Históricamente, el manejo y gestión de residuos no ha estado enfocado en la prevención o minimización, sino en la disposición final, es decir, en eliminar por distintas vías los residuos, sin valorizar las características particulares que estos poseen. Es por esta razón que surge el término gestión de residuos, el cual se entiende como el conjunto de operaciones relacionadas con el manejo de un residuo, contándose transporte, almacenamiento, recolección, tratamiento y disposición final de los residuos. A causa de la inclusión de tecnologías y evolución del término es que se puede agregar la prevención, reducción, reutilización y reciclaje de residuos producidos. La gestión integral, además, comprende todas las etapas del proceso de producción o entrega de servicio, en los cuales se pueden realizar diversos análisis para adoptar las estrategias adecuadas en cada etapa del proceso (CONAMA, 2005).

La problemática dentro de la gestión de residuos ha sido siempre qué hacer con los mismos. Primeramente, se estableció como estrategia su disolución y dispersión al medio ambiente, suponiendo una indefinida capacidad de la tierra para absorber los deshechos generados. El siguiente paso a seguir fue el control de los contaminantes, por medio de los métodos "end of pipe" y de tratamientos de residuos. Pese a todo ello, se incrementó la cantidad de contaminantes, lo cual siguió afectando intensamente al medio ambiente. Actualmente, la pregunta de ¿qué hacer con los residuos?, se transforma en ¿qué se puede hacer para no generar residuos? Es así que la solución se encuentra en la integración de una estrategia en la cual se señala la siguiente prioridad: minimizar, tratar y disponer los residuos (Elías, 2000).

De acuerdo con Alliende (1996), para esta última estrategia, entre las acciones que se deben implementar se encuentran la reducción en el origen, referido principalmente a las acciones y prácticas las cuales pretenden minimizar los residuos, de cualquier tipo, en los procesos mismos de producción; el reciclaje, proceso por el cual se somete repetidamente a una materia a un mismo ciclo, a fin de incrementar, ampliar y recuperar los determinados recursos para volver a utilizarlos; la recuperación, procedimiento aplicado a los materiales (utilizados o no) con el motivo de generar una materia utilizable en cualquier etapa de producción. Las acciones de reciclaje, recuperación y re-uso son opciones muy atractivas para la empresa en términos de costos, ya que se obtienen ingresos por residuos valorizables (cartón, papel, plástico, etc.), se evitan los costos de disposición y reducen gastos de materia prima.

Para analizar la generación de residuos, se requiere determinar la relación producto-producto del proceso productivo en estudio, asumiendo cada unidad de tiempo como una relación independiente a partir del análisis del período que comprende el proceso completo. Así, se realiza una estimación de ecoeficiencia del proceso utilizando las variables materiales como input, y producción y residuos como outputs, pudiéndose comparar el nivel de producción y de residuos obtenidos a partir de la cantidad de materiales que se utilizaron en el proceso. Todas deben ser llevadas a una misma unidad de medida.

En términos generales, el análisis *insumo-producto* para un proceso de producción compara la relación existente, por un lado, entre materiales (kg) y producción (kg) y, por otro, entre materiales (kg) y residuos (kg). Entonces, se tienen diferentes niveles de generación de residuos para un mismo nivel de producción, por tanto, si se considera que el proceso se encuentra definido, la calidad de los insumos usados será determinante en la productividad del proceso: de acuerdo con Alliende (1996) y Elías (2000), una estrategia para disminuir la generación de residuos implica una reducción en origen de los mismos, lo que requiere observar la entrada de materia prima al proceso productivo.

Un análisis acabado de la faena en observación permite elaborar una imagen del desempeño alcanzado durante el período de producción en términos ecoeficientes, utilizando como indicador la relación insumo-residuo, en concomitancia con la relación insumo-producto. La contrastación de estas relaciones permite clasificar cada unidad de tiempo de proceso, respecto del promedio obtenido a nivel general para ambas. Así, se obtendrá un grupo de observaciones que serán consideradas como ecoeficientes, el cual será siempre perfectible en la medida que no exista un estándar con el que pueda ser comparado.

## Consideraciones finales

Finalmente, los parámetros medioambientales (energía no renovable consumida, utilización de materiales con alto contenido energético, componente gris de la huella hídrica, emisiones de gases con efecto invernadero proveniente desde el uso de combustibles fósiles, y generación de residuos proveniente de una relación insumo-residuo), presentados para cada uno de los ámbitos analizados, en sí no son suficiente para ser considerado como una medida del nivel de ecoeficiencia de un proceso productivo. Para que así sea, deben ser estimados en función de la productividad de la faena (producción por unidad de tiempo); es decir, un *indicador compuesto*, pues a partir de ambas relaciones, se podrá obtener una perspectiva del proceso en la cual se visualice la producción usando la menor cantidad de insumos, paralelamente, minimizando su impacto ambiental.

## Referencias


Alliende, F. (1996). Manual de manejo de residuos sólidos industriales. Comisión Nacional del Medio Ambiente. Ministerio de Economía, Fomento y Reconstrucción. Gobierno de Chile.

Bastante, M.J.; Guilloux, G.; López García, R.; Vivancos Bono, J.L.; Capuz Rizo, S. (2005). Factores Influyentes en la Medida de la Ecoeficiencia de un Producto. En Actas del IX Congreso Internacional de Ingeniería de Proyectos. Málaga, España. p. 1140-1150. ISBN: 84-89791-09-0

Civeira G; Rodríguez M. (2011). Nitrógeno residual y lixiviado de fertilizante en el sistema suelo-planta-zeolitas. Revista Ciencias del Suelo. Vol.29, (2):285-294.

Comisión Nacional del Medio Ambiente (CONAMA) (2005). Política de gestión integral de residuos sólidos. Ministerio de Economía, Fomento y Reconstrucción. Gobierno de Chile.

Díaz, G. (2006). Ecoeficiencia en la gestión de residuos municipales: modelo y factores exógenos. Tesis de Doctorado. Universidad Autónoma de Barcelona. Barcelona, España.

Elías, X. (2000). Reciclaje de residuos industriales: aplicación a la fabricación de materiales para la construcción. Ediciones Díaz de Santos. Madrid, España. 609 p.

ELTETE, (2012). Materiales de embalaje para el transporte. Consultado: 30 de agosto de 2013. Disponible en: http://www.eltetetpm.com.

Farrell, M.J. (1957). The Measurement of Productive Efficiency. Journal of the Royal Statistical Society. Series A (General), Vol. 120 (3):253-290.

Fürst, E. (2002). Indicadores de eco-eficiencia en el proceso del benificiado de café en Costa Rica: un análisis comparativo de cambios en el desempeño eco- eficiente en las cooperativas de SUSCOF entre 1997/98 y 2000/01. CINPE, ISCOM. , Heredia, Costa Rica. CR. 59 p.

Hoekstra, A.; Chapagain, A.; Aldaya, M.; Mekonnen, M. (2011). The water footprint assessment manual: setting the global standard. Water Footprint Network. Washington D.C. United States. 203 p.

Larach, M. (1998). Comercio y medio ambiente en la Organización Mundial del Comercio (OMC). CEPAL. Consultado 03 de septiembre de 2013. Disponible en: http://www.eclac.org/.

Leal, J. (2005). Ecoeficiencia: Marco de análisis, indicadores y experiencias. Comisión Económica para América Latina y el Caribe, CEPAL. Serie Medioambiente y Desarrollo, N° 105.

MINAM – Ministerio del ambiente de Perú. (2009). Guía de ecoeficiencia para empresas. Consultado: 4 de junio 2013. Disponible en: http://cdam.minam.gob.pe

Picazo-Tadeo, A.; Beltrán-Esteve, M.; Gómez-Limón, J. (2011). Assessing eco-efficiency with directional distance functions. Working Papers Applied Economics. Universidad de Valencia. España. WPAE-2011-10. Abril, 2011.

Servicio Nacional de Turismo de Chile SERNATUR, (2013). Guía de trabajo N° 6: Cálculo de la huella de carbono a nivel organizacional. 13 p.

Seiford, L. & Zhu, J. (2002). Modeling undesirable factors in efficiency evaluation. European Journal of Operational Reseach, 142:16-20.

Schmidheiny, S. (1992). Changing Course: A Global Business Perspective on Development and the Environment. The MIT Press, 1° Ed. 373 p.

WBCSD, (2000). Ecoeficiencia: Creando más valor con menos Impacto. (en línea). Consultado: 8 de Octubre 2012. Disponible en: http://www.wbcsd.org/web/publications/eco_efficiency_creating_more_value-spanish.pdf

# LA CAPACIDAD DE USUARIOS DE LA TIERRA A LO LARGO DE LA TRANSAMAZONICA BRASILERA DEL ESTADO DE PARÁ PARA A CONTRIBUIR A UN DESARROLLO SOSTENIBLE DE LA REGIÓN


Benno Pokorny y Anderson Serra

University of Freiburg, Alemania


*"El gran mariscal francés Lyautey pidió una vez a su jardinero que plantara un árbol. El jardinero objetó que el árbol tardaría en crecer y no alcanzaría la madurez hasta 100 años más tarde. El mariscal respondió: 'En ese caso, no hay tiempo que perder; plántalo esta misma tarde'"*
**John F. Kennedy**.

## Resumen


La estrategia clásica del desarrollo rural que depende de la expansión de los sistemas de producción agro-industrial y la explotación de recursos naturales para los mercados mundiales ha demostrado que puede lograr objetivos económicos y – bajo ciertas condiciones – objetivos sociales, pero que tiene costos ambientales y sociales significativos. Esto se puede ver especialmente en las fronteras agrícolas de la región amazónica, donde la expansión masiva de la agricultura y la forestaría comercial han afectado negativamente a las poblaciones locales y los bosques. Este estudio se basa en la hipótesis de que los grupos de usuarios de la tierra, debido a las particularidades individuales y culturales, muestran diferentes balances socioambientales, y que la promoción de los grupos con balances más positivos podría ser eficaces en el logro de un desarrollo rural sostenible. Mediante el uso de la evidencia empírica de nuestra propia investigación, la estadística y la literatura, en este artículo se describen los resultados productivos, sociales y ambientales de grupos tipicos de usuarios de la tierra a largo de la Transamazónica brasilera del estado de Pará. Los resultados revelan que existen diferencias significativas en los balances socioambientales de los grupos estudiados. Los grandes ganaderos y agro-industrias tienen la capacidad para cumplir efectivamente con la demanda de los sectores urbanos e industrializados tanto en cantidad como en precio. Mientras tanto, los pequeños agricultores diversificados y especializados son altamente vulnerables a las políticas de desarrollo convencionales. Sin embargo, desempeñan un rol económico y social importante a un costo ambiental relativamente bajo. El artículo aboga por políticas que, en vez de realizar los intereses urbanos, responda más a las capacidades y los intereses de los propios actores rurales.

**Palabras claves:** región amazónica, balances socioambientales, desarrollo rural sostenible.


## Introducción

En el marco de la globalización y en vista de los grandes progresos realizados en la logística y las comunicaciones, existe la creencia de que se puede lograr globalmente un alto nivel de bienestar, incluso por las zonas rurales más remotas, y al mismo tiempo aumentar la producción de bienes y servicios urgentemente requeridos por una población mundial cada vez mayor. Esto se logrará mediante la integración de los productores activos en estas regiones en las cadenas de valor globales (Miller & Jones, 2010; Banco Mundial, 2008). Esta creencia prolifera en los discursos globales e incluye los conceptos atractivos como *la economía verde, el desarrollo sustentable, la comunidad global*; además forma parte de la mentalidad de los gobiernos como también de las personas que viven en estos contextos y que esperan escapar de la miseria y obtener una parte de los logros del mundo moderno que ven diariamente en la televisión (UNEP, 2011).

Aunque desde la época de la *revolución verde* muchos aspectos de esto modelo del desarrollo rural han cambiado, la modernización de la agricultura y su integración en los mercados mundiales ha mantenido el enfoque de la política vigente. Esto incluye la aplicación de herramientas claves, como la difusión de las tecnologías para la producción y explotación de los recursos, la creación adecuada de conocimientos para utilizar estas tecnologías, y la creación de condiciones favorables para atraer inversores que financian infraestructuras y logística (FAO, 2000, 2010). Para garantizar la competitividad de los empresarios emergentes en los mercados mundiales, los gobiernos nacionales tienden a aceptar los programas de ajuste estructural promovidos por organizaciones internacionales como el Fondo Monetario Internacional y el Banco Mundial (Nsouli et al., 2002; Easterly, 2005).

Las estadísticas demuestran que este enfoque ha mejorado considerablemente no sólo los índices económicos, incluso de los países más pobres (FAO, 2000; Banco Mundial, 2013), sino que también han dado lugar a enormes logros sociales (ONU, 2013a). La producción efectiva de una selección limitada de productos que muestran calidad homogénea con tecnologías estandarizadas incrustadas en logísticas bien diseñadas, han hecho que los alimentos y otros bienes estén al alcance de grandes segmentos de la sociedad en muchas partes del mundo. Los mercados de exportación generan impuestos que proporcionan a los gobiernos la oportunidad de hacer inversiones en el mejoramiento de los servicios públicos urgentes (UNPD, 2013).

Sin embargo, estas acciones también han traído consecuencias ambientales y sociales negativas. Por lo tanto, en la mayoría de las regiones la deforestación ha provocado una alarmante pérdida de biodiversidad, erosión acelerada y está contribuido significativamente al problema del cambio climático (MEA, 2005). La combinación de un amplio uso de plaguicidas y la minería irresponsable ha provocado dificultades en el suministro de alimentos sanos y agua potable en algunas regiones. El desarrollo también ha dado lugar a graves problemas sociales entre las personas que viven en las fronteras agrícolas. Muchos agricultores pequeños y pueblos tradicionales, aun con apoyo parcial de iniciativas y programas de desarrollo, tienen pocas posibilidades de integrar exitosamente en mercados altamente competitivos y han emigrado en gran número a centros urbanos de rápido crecimiento (Shiva & Singh, 2012).

Para suavizar estos problemas políticas sectoriales han emergido a nivel nacional e internacional. En los sectores del medio ambiente, durante las últimas décadas se han invertido grandes sumas de dinero en los marcos reglamentarios y mejoramiento de las capacidades para una mayor protección y control del uso comercial del bosque y áreas de protección (Pokorny et al., 2013). Durante las últimas dos décadas la cantidad de área asignado a los parques nacionales y las zonas con estatus similar ha crecido más que 50% a casi 16 millones km². Para estimular actores comerciales a actuar más ambientalmente se han creado esquemas que implican pagos por servicios ambientales, se ha iniciado sociedad entre ONG ambientales, gobiernos y el sector privado y se han establecido salvaguardias y códigos de conducta (Pokorny et al., 2013). Dentro de los sectores sociales, muchos gobiernos comenzaron a hacer esfuerzos para reconocer formalmente los derechos tradicionales de la tierra y otros recursos (Larson et al., 2010). Aunque la situación de la tenencia actual de la tierra sigue siendo difícil, se estima que actualmente alrededor de un tercio de los bosques de todo el mundo, pertenecen formalmente a los pequeños colonos de tierras, comunidades tradicionales y grupos indígenas (Sunderlin et al., 2008). Además, se han finiquitado las regulaciones para proteger mejor los derechos humanos de las poblaciones rurales originales (UNHR, 2012), y muchos países han puesto en marcha programas sociales para suavizar la situación problemática de las familias que no han sido capaces de aprovechar de las nuevas oportunidades económicas (ONU, 2013b).

Aunque estas políticas sectoriales ha habido algunos resultados impresionantes, en términos generales, no han tenido mucho éxito en evitar las consecuencias ambientales y sociales del desarrollo rural clásico descrito anteriormente (Pokorny et al., 2013). La frontera agrícola sigue expandiéndose y las tasas de deforestación siguen siendo altos (Nepstad et al., 2013). Más preocupante, la dinámica actual marginaliza aún más a las familias y grupos que originalmente viven en estos contextos (Pokorny, 2013). Obviamente, los actores entrando de afuera con capital, títulos e incrustado en las redes de mercado tienen ventajas competitivas en las batallas por la tierra, los recursos y los mercados y son capaces de alcanzar sistemáticamente sus intereses económicos (De Schutter, 2011). En esta dinamcia, sólo una pequeña minoría de las familias locales logran transformarse en empresarios de éxito o son capaces de adaptarse a los sistemas de producción industrial de bienes estandarizados a bajo costo (ONU, 2013b). La sustitución de los modos y la organización de producción locales con esquemas estandarizados en la producción de algunos productos básicos para la exportación, facilita el proceso de homogenización cultural que no sólo agrava los problemas sociales y ambientales en las zonas rurales, sino también a escala mundial. Así, desde una perspectiva social, la búsqueda de alternativas que tengan en cuenta no sólo aspectos económicos relevantes a mercados específicos, sino también los costos sociales y ambientales del enfoque clásico para el desarrollo rural parece correcto (Costanza et al., 2014).

Con estos antecedentes, nuestro discurso reflexiona sobre un esquema de desarrollo rural que se basa en la idea de que los gestores locales de uso del suelo pueden traer beneficios sociales mediante la promoción sus propias culturas y la optimización de capacidades específicas como alternativo a la utilización de las tecnologías estandarizadas para producir productos para un mercado global altamente competitivo. Para comprender el potencial de los distintos usuarios de la tierra de generar resultados sociales favorables, este estudio analiza los datos de nuestra propia investigación llevada a cabo en cinco municipios a lo largo de la Carretera Transamazónica y la Reserva Extractiva Verde *para* Siempre en la Amazonia brasileña complementada por literatura sobre el tema.

### - **Caracteristicas de los usuarios de la tierra en la amazonía**

La población total de la Amazonia brasileña se estima en más de 20 millones de habitantes de los cuales casi el 75% vive en centros urbanos de rápido crecimiento (Becker, 2006; Castelani y Igliori, 2012), incluyendo Manaus (2,3 millones de habitantes) y Belém (2,1 millones de habitantes). Además, una proporción importante de la población rural está profundamente conectada con estas áreas urbanas y peri-urbanas, que sea a través de la comercialización o el consumo, el empleo temporal, para el acceso a los servicios públicos, incluyendo agencias gubernamentales, escuelas y hospitales, o simplemente a través de los vínculos familiares (Padoch et al., 2008). Mismo así, millones de familias siguen viviendo en contextos clásicos rurales caracterizados por tierra escasamente poblada donde hay acceso a abundantes recursos como tierra, bosques y agua. El medio de vida y reproducción social de muchas de estas familias se basa en gran parte en el uso y manejo de estos recursos (Banco Mundial, 2008).

Este grupo rural de usuarios de la tierra suelo representa un conglomerado muy diverso de los diferentes actores (Godar et al., 2012a; Pokorny, 2013), comúnmente distinguidos en pequeños productores (hasta 100 hectáreas), medianos (100-500 ha) y grandes propietarios (más de 500 ha). Naturalmente, cada una de estas categorías podría estar compuesta por diferentes grupos sociales. Otra clasificación se basa en aspectos culturales, diferenciando, bruscamente, entre los grupos indígenas, comunidades tradicionales y colonos recidentes. Los productores también se agrupan por su producto(s), por ejemplo, ganado, madera, productos no madereros, los cultivos de alimentos, materiales primas para la exportación, etc.; o también, por el propósito de la producción como para subsistencia, para el mercado local, nacional, regional, o internacional; o por el modo de producción considerando aspectos como la proporción de mano de obra familiar y el nivel de mecacniazación. Naturalmente, hay correlación entre estas diferentes categorías. Para el propósito de este estudio, se han diferenciado ocho grupos de usuarios de las tierras que se encuentran viviendo a lo largo de la Carretera Transamazónica: grupos indígenas, comunidades tradicionales, pequeños produtores diversificados, pequeños ganaderos, pequeños productores especializados, productores de medio porte, grandes ganaderos y la agroindustria. Necesariamente, esta tipificación es una simplificación grotesca de una realidad compleja. Por ejemplo, en la práctica es difícil trazar una línea entre un agricultor diversificado que también trabaja con el ganado, y un ganadero que también crece una variedad de cultivos agrícolas.

### - **Balances socio-ambientales de los usuarios de la tierra de la amazonía**

En esta sección se reflexiona sobre los aspectos económicos, sociales y ambientales de los sistemas de producción de los nueve grupos de usuarios como base para evaluar su capacidad de contribuir para un desarrollo rural sostenible. El análisis evalúa un conjunto de indicadores seleccionados que comúnmente se usan para describir diferentes perspectivas de la realidad. La información utilizada ha sido recopilada de varias fuentes. Por lo tanto, los datos de nuestras propias entrevistas con expertos y los agricultores locales y las comunidades en cinco municipios a lo largo de la Carretera Transamazónica y la Reserva Extractiva Verde para Siempre se reunieron en el marco de los proyectos financiados por la UE, Local Governance local y ForLive complementado con literatura relevante del tema.

- **Aspectos económicos**

El análisis reveló grandes diferencias entre los grupos de usuarios. En relación a los pequeños productores, los grandes usuarios de la tierra requieren insumos más costosos en sus sistemas de producción, particularmente maquinaria pero también materiales como fertilizantes y pesticidas. Esta diferencia significativa entre los productores de grande y pequeña escala se refleja en el alcance de los programas públicos de crédito (Gasques et al., 2010). Así, en el año agrícola 2012/13 de un total de 40 mil millones de euros de créditos públicos prestados al sector agrícola en Brasil, el 87% se inyectó en las agroindustrias, propiedades grandes y medianas, mientras que sólo el 13% se dedica a los pequeños agricultores que mismo representan la gran mayoría de los productores (MAPA, 2014). Esta proporción es confirmado por (Stella et al., 2013), quien calcula que del 11% del total de los recursos públicos que se gastaron entre 1999-2012 para la promoción de la agricultura en Amazonia, el 71% eran para el beneficio de los ganaderos grandes y medianos ganaderos. Los productores pequeños, en cambio, ponen más mano de obra en la producción de bienes, que se refleja en un bajo nivel de mecanización. Para los usuarios tradicionales del bosque, incluyendo los indígenas, ambos, el capital, así como el insumo de mano de obra, son relativamente pequeños. Estos grupos, sin embargo, requieren áreas mucho más grandes para llevar a cabo sus sistemas extensivos de producción.

También la producción de los diferentes sistemas de producción es muy diversa. Las mayores diferencias están en la diversidad de productos. Por lo tanto, aunque la mayoría de los grupos de actores tienen ganado, y muchos se dedican a la producción de materias primas para los mercados externos, algunos usuarios pequeños producen una cesta variada de productos y esto hace que las comparaciones de productividad sea difícil. En términos generales, casi todos los grupos de usuarios de la tierra producen cantidades significativas de productos con valor comercial. Mismo los grupos indígenas y comunidades tradicionales contribuyen también en un número importante de productos forestales. La cantidad y el valor de los productos agrícolas producidos en 100 ha por pequeños agricultores diversificados y especializados son significativamente mayores en comparación con los ganaderos e incluso pueden alcanzar los niveles de las agroindustrias. Ambos, los agricultores mecanizados que requieren grandes insumos externos, y los grupos de usuarios de la tierra que son dependientes de la mano de obra, tienen el potencial para usar efectivamente la tierra. Aunque, la productividad por jornada de trabajo es mayor para el primer grupo, también los pequeños agricultores alcanzan una productividad similar por hectárea. En contraste, el atractivo financiero de la gestión forestal sostenible es bastante limitada; sin embargo, debe tenerse en cuenta que la primera cosecha es mucho más rentable que la gestión a largo plazo de un bosque.

-   **Aspectos sociales**

Los distintos grupos de usuarios de la tierra muestran diferencias fuertes con respecto al destino de su producción. Los grupos indígenas y las comunidades tradicionales producen principalmente bienes para su propio consumo, pero también venden algunos de sus productos en los mercados locales y de esta manera pueden contribuir significativamente con alimentos sanos y materiales útiles para las poblaciones rurales (Padoch et al., 2008; Kern, 2012). En cuanto a los usuarios de las tierras agrícolas, la cantidad de lo que producen que se consume localmente depende principalmente de una combinación del tipo y la cantidad de producto producido. Productores que producen una mayor variedad de productos y cultivan áreas más pequeñas, tienden a producir más para el mercado local, mientras que los productores que producen en áreas más grandes, por lo general, venden a los mercados externos. Pero hay excepciones frecuentes, por ejemplo, cuando los mercados y la infraestructura favorecen el cultivo de un producto para exportación, tal es el caso del cacao o el acai, así los pequeños agricultores también tienden a cultivar de forma masiva dicho producto para aprovechar esta oportunidad económica. Otra excepción es la venta de ganado que, independientemente del grupo de usuarios de la tierra, se venden a los mismos comerciantes para los mismos precios para consume a nivel local hasta global (Pacheco, 2012). Sin embargo, las economías locales que surgen de este tipo de situación son a menudo muy sensibles a severas fluctuaciones de los mercados a escala global (Homma, 2012).

Una de las diferencias más drásticas entre los diferentes grupos de usuarios es hasta qué punto sus sistemas de producción sirven como base para la recuperación social. Por lo tanto, los pequeños agricultores dedicados a la producción de cultivos altamente especializados para el mercado pueden sostener significativamente más familias en su propiedad de lo que puede las agroindustrias. Aunque esta proporción se relaciona en parte con un ingreso familiar mucho más baja, es un fuerte indicador de la relevancia social y cultural de la pequeña agricultura. Obviamente, los grupos indígenas y tradicionales, debido a sus estrategias de producción mucha más extensivas siguen una lógica completamente diferente de la reproducción social basada en la disponibilidad de grandes extensiones de tierras forestales.

Cuando se trata de la creación de empleo, particularmente en el nivel local, los sistemas de producción más grandes no tienen cifras de empleo más altas en comparación con los sistemas de pequeños productores. En particular, los ganaderos y las agroindustrias (de nuevo) proporcionan un número más pequeño de puestos de trabajo en función del área, mientras sistemas de uso con énfasis en mano de obra muestran números más favorables. Se encontró que los usuarios de la tierra con los sistemas de producción diversificados y aquellos especializados y no-mecanizados son proveedores importantes de empleo a nivel local. Las comunidades indígenas y tradicionales no son relevantes en esta categoría; sin embargo, podrían mostrar una correlación positiva con el empleo indirecto en las industrias de transformación de productos forestales. Con respecto a los otros grupos de usuarios de la tierra, a pesar de la falta de estudios empíricos, existe la posibilidad de que el procesamiento manual juegue un papel positivo en combinación con el nivel de refinamiento del producto final antes de ser consumidos. De este modo, los usuarios de tierras orientadas a los mercados de gran consumo, potencialmente generan menos empleo en forma indirecta que los usuarios de la tierra que producen para los mercados pequeños especializados. Además, el efecto del ingreso tiene que ser considerado como la transformación de ingreso en el consumo. Una vez más, este efecto tiende a ser mayor en los sistemas de producción que generen ingresos para las poblaciones locales (Najberg & Ikeda, 2001).

- **Aspectos ambientales**

Todos los grupos de usuarios afectan los ecosistemas forestales que originalmente existían en sus propiedades. Mientras que los grupos indígenas y los grupos tradicionales alteran principalmente sus bosques por el aprovechamiento extensivo de los árboles y por la creación de pequeños parches abiertos para agricultura, los otros grupos sistemáticamente convierten sus bosques a otros usos de la tierra, principalmente agrícolas. Sólo los grupos de usuarios de la tierra sin el ganado logran mantener fracciones razonables de – a menudo degradados – bosque natural. Esto se observó principalmente en las propiedades no adecuadas para el ganado debido a la falta de acceso al agua. En los casos en que la mano de obra familiar es pequeña, los usuarios de la tierra siguen sus esquemas tradicionales de gestión sin ganado, como es el caso de los productores diversificados. Además, los grupos de usuarios de la tierra con propiedades más grandes tienden a mantener algunos remanentes de bosque más grandes, ya que es un pre-requisito para acceder a los programas de crédito. Pequeños agricultores especializados y pequeños agricultores diversificados tienen alrededor de 10% de su superficie cubierta por bosques secundarios, que es significativamente más comparado con los otros grupos. Obviamente, el uso temporal de partes de su propiedad para la agricultura es una parte intrínseca de su estrategia de uso de la tierra. Todos los otros usuarios de la tierra siguen manteniendo las zonas cultivadas, frecuentemente con el uso de máquinas y cantidades significantes de fertilizantes. En contraste con los grandes productores, los pequeños agricultores diversificados, en particular, conscientemente responden a la variación de la fertilidad del suelo y otras características relevantes de producción mediante la selección del tipo más apropiado de cultivo.

Los ganaderos y agroindustrias muestran una tendencia mayor a ampliar sus áreas de operación que otros grupos. En particular, las comunidades indígenas y tradicionales, así como los agricultores diversificados y especializados están más fuertemente conectados con sus propiedades originales. En este sentido, el análisis reveló cuatro ideas importantes:
1. Que la expansión de las propiedades de algunos grupos de productores, como los grandes ganaderos es parte de su sistema de uso de la tierra. Ellos se acercan a nuevas áreas para cumplir con el requisito legal de mantener la reserva extractiva de 80%, mientras convirtiendo sus propiedades más antiguas a pasto;
2. Que los productores económicamente exitosos (así como individuos actuando en los centros urbanos locales) invierten en la compra de tierra, frecuentemente para la ganadería;

3. Que los pequeños agricultores en áreas remotas y poco fértiles tienden a abandonar sus tierras después de un tiempo para buscar parches de tierra fértil, generalmente mucho más pequeñas, cerca de los centros urbanos; y,
4. Que la gran mayoría de los pequeños productores permanecen en un estado relativamente estable en sus propios terrenos.

En cuanto a los efectos ecológicos de los sistemas de producción de cada grupo de usuario, el tamaño de los parches cultivados es un parámetro crítico. Los ganaderos, agricultores y medianas agroindustrias, debido a su elección de productos y mayores niveles de mecanización, tienden a cultivar parches más grandes de tierra, mientras que los agricultores diversificados y especializados más pequeños trabajan en pequeños parches de tierra que a menudo tienen restos de bosque natural y secundario, así como árboles individuales. De este modo, paisajes dominados por pequeños agricultores son mucho más heterogéneos en términos de los elementos del paisaje, mientras que los productores más grandes tienden a producir paisajes más homogéneos. Hay evidencia de que la diversidad de los elementos del paisaje criada por pequeños productores, sobre todo en combinación con los bosques secundarios de diferentes edades, a través de sus estructuras más heterogéneas y diversa composición de las especies, influye positivamente en la seguridad y calidad de los servicios ambientales, como la biodiversidad, la protección del suelo y del agua y la polinización (Godar et al., 2012b).

En términos generales, los productores que utilizan menos insumos externos como fertilizantes y pesticidas tienden a tener una huella ecológica menor. Además, los productores que convierten menos bosques tienen un efecto positivo sobre el medio ambiente al evitar las emisiones de carbono. Finalmente, el destino del producto producido tiene un gran impacto, porque los productos para los mercados externos normalmente requieren más energía para el procesamiento y el transporte. Al considerar estos tres aspectos, son las comunidades indígenas y tradicionales quienes tienen la huella ecológica más pequeña debido a que sus sistemas de producción se basan principalmente en una extracción extensiva. Los sistemas de producción de los pequeños agricultores diversificados y especializados tienen huellas moderadas, mientras que los ganaderos y en particular aquellas agroindustrias que producen para los mercados mundiales tienen huellas ecológicas muy grandes.

**Discusión**

Los grupos de usuarios de la tierra son diferentes en los productos que producen, el tamaño y la estructura de sus parches de uso del suelo, el nivel de mecanización y en la cantidad de mano de obra. Naturalmente, estas diferencias están altamente relacionadas con el contexto específico y todos los actores, a pesar de sus diferencias, muestran una tendencia común en la que todos ellos responden a los mercados y estímulos financieros. Todos ellos transforman los bosques originales, responden positivamente a los mercados e investigan oportunidades de ayuda. En búsqueda de garantizar la reproducción social y maximizar las ganancias individuales tienden a especializar su producción con el fin de ofrecer productos comercializables y, en segundo lugar, para invertir en tecnologías que mejoran la producción como maquinaria, fertilizantes y pesticidas, y mediante la utilización de plantas genéticamente mejoradas. Otra característica común es que la mayoría de los agricultores quieren tener ganado. Mientras más rico sea el agricultor, más alta la probabilidad que se involucre en ganadería a gran escala.

A pesar de estas similaridades, los resultados también indican claramente que los diferentes grupos actúan de forma diferente dentro de los mismos contextos y varían en sus respuestas específicas a estímulos externos. Usuarios de la tierra, debido a su cultura y condición económica, toman diferentes acciones que tienen implicaciones sociales y ambientales. Lo más importante, los usuarios de tierras más grandes parecen ser capaces de responder con mayor eficacia a los mercados. Tienen ventajas competitivas en términos de costos, eficacia de producción, estandarización de productos y alta productividad. Estas ventajas aumentan la disponibilidad de productos agrícolas y alimentos principalmente a las familias que viven en zonas urbanas y en los países industrializados. Sin embargo, los efectos sobre las sociedades rurales son menos favorables. Los grandes ganaderos y las agroindustrias ofrecen sólo niveles moderados de empleo a la población local y tienden a forzar la salida de los productores más pequeños y menos competitivos que acelera el proceso de homogeneización cultural. Además, estos grandes usuarios de la tierra tienen impactos ambientales masivos. Los productores más pequeños son más propensos a producir una mayor diversidad de productos, pero menos estandarizados en calidad y en menores tasas de producción debido a la falta de tecnología. Por otro lado, los sistemas de producción diversificados y especializados son intensivos de trabajo y por lo tanto ofrecen más empleo, aunque a menudo con salarios bajos. Debido al pequeña tamaño de sus tierras y su menor tendencia a la expansión, los pequeños productores tienen un balance ambiental más positivo en comparación con los usuarios de tierras a gran escala. Aún más positivo desde la perspectiva ambiental son las acciones de las comunidades tradicionales y especialmente los de los grupos indígenas. Sin embargo, su contribución a las sociedades locales fuera de sus propios grupos es limitada, aunque pueden proporcionar productos forestales importantes. Por el contrario, requieren de áreas relativamente grandes para sostener sus medios de vida. Pero, desde una perspectiva ética, ellos tienen el derecho constitucional para continuar usando sus recursos y mantener sus culturas. El análisis sugiere que los pequeños productores que trabajan con insumos moderados de fuentes externas muestran un equilibrio socio-ambiental más positivo. Para el usuario individual de la tierra, sin embargo, los sistemas de producción a gran escala son más favorables porque las ganancias llegan al bolsillo de productor. También son estos sistemas que producen más eficazmente los productos básicos para los mercados mundiales y están orientados hacia los intereses de las sociedades urbanas e industrializadas.

El análisis anterior indica que el valor social de los sistemas de producción de cada grupo de usuarios depende, en gran medida, de la perspectiva subyacente. Existe evidencia de que el enfoque actual de desarrollo para regiones rurales está fuertemente centrado en las perspectivas de los actores urbanos y los países industrializados. Para esto se puede encontrar buenas razones. De hecho, la mayoría de los pobres viven en zonas urbanas, pero la mayoría de los bienes y servicios de las zonas rurales son consumidos por los países industrializados (Dittrich et al., 2012). Desde esta perspectiva, las regiones rurales son tratados como un lugar para la generación de bienes y servicios para la población urbana, es decir, las sociedades globales. Las políticas correspondientes para el desarrollo rural funcionan bien porque ellas garantizan la provisión de bienes que son demandados, en cantidad suficiente y a precios convenientes. La inversión masiva hecha por décadas en la optimización de las cadenas de valor han hechos que esto sea posible. Sin embargo, la expectativa de que las familias rurales pobres se beneficiarán de forma automática y serían integradas en estas cadenas globales de valor no se ha cumplido.

Al mirar el desarrollo rural desde una perspectiva local se ve significativamente diferente en comparación con las perspectivas nacionales y globales. Se debe a que el desarrollo rural se basa en las culturas y los intereses de las poblaciones rurales, y no en los patrones de consumo de las regiones urbanas e industrializadas caracterizas por el desperdicio de minerales y recursos, el consumo de carne y el uso de bio-energía provisto por cultivos agrícolas. No hay duda de que es necesario un enfoque propio para el desarrollo rural, uno que no esté dominado de forma tan masiva por los intereses de las sociedades urbanas e industrializadas.

## Referencias


Banco Mundial, (2013). The little data book 2013. *The World Bank*, Washington, D.C.

Banco Mundial, (2008). World Development Report 2008: agriculture for development, *The World Bank*, Washington, D.C.

Becker, B. (2006). Geopolítica da Amazônia. *Garamond*, São Paulo.

Castelani, S., & , Iglorio, D. (2012). Urbanization and growth in the Brazilian Amazon. Proceedings, 2nd International Conference on Environment and Natural Resource Management in Developing and Transition Countries. *CERDI*, Clermont-Ferrand, October 17-19, 2012.

Costanza, R, Kubiszewski, I., Giovannini, E., Lovins, H., McGlade, J., Pickett, E.K., Vala Ragnarsdóttir, K., Roberts, D., De Vogli, R. and Wilkinson, R. (2014). *Time to leave GDP behind*. Nature 505, 283–285.

De Schutter, O. (2011). How not to think of land-grabbing. Three critiques of large-scale investments in farmland. *Journal of Peasant Studies* 38 (2), 249–279.

Dittrich, M., Bringezu, S. and Schütz, H. (2012). The physical dimension of international trade. Part 2: Indirect global resource flows between 1962 and 2005. *Ecological Economics 79* (1), 32-43.

Easterly, W. (2005). What did structural adjustment adjust? The association of policies and growth with repeated IMF and World Bank adjustment loans. *Journal of Development Economics* 76, 1–22.

FAO (2010). The state of food and agriculture. Investing in agriculture for a better future. *FAO*, Rome.

FAO (2000). The state of food and agriculture. Lessons from the past 50 years. *FAO*, Rome.

Gasques, J.G., Vieira, F., and Navarro, Z. (eds.) (2010). *A agricultura brasileira: desempenho, desarios e perspectivas*. Ipea, Brasília.

Godar, J., Tizado, E.J., Pokorny, B., Johnson, J., (2012a). Typology and characterization of Amazon colonists: a case study along the Transamazon highway. *Human Ecology40* (2), 251–267.

Godar, J., Tizado, J., Pokorny, B., (2012b). Who is responsible for deforestation in the Amazon? A spatially explicit analysis along the Transamazon highway in Brazil. *Forest Ecology and Management 267*, 58–73.

Homma, A.K.O. (2012). *Extrativismo vegetal ou plantio: qual a opção para a Amazônia?*. Estudos avançados 26 (74), 167-186.

Kern, M. (2012). *Uncovering local markets for Amazonian smallholders: The case of the Extractive Reserve "Verde para Sempre" in Porto de Moz in Brazil.* MSc thesis, University of Freiburg.

Larson, A., Barry, D., Dahal. R.G. and Colfer. C. (eds.) (2010). *Forests for people: community rights and forest tenure reform.* Earthscan, London

MAPA (Ministério de Agricultura Pecuária e Abastecimento do Brasil) (2014). Estatísticas e dados básicos de economia agricola. *MAPA*, Brasilia.

MEA (Millennium Ecosystem Assessment) (2005). Millennium Ecosystem Assessment. Synthesis Report. *UNEP*, New York.

Miller, C. & Jones, L. (2010). Agricultural value chain finance. Tools and lessons. *FAO and Practical Action Publishing*, Warwickshire.

Najberg, S. & Ikeda, M. (2001). Setores intensivos em mão-de-obra: uma atualização do modelo de geração de emprego do BNDES. *Informe-se 31. BNDES*, Rio de Janeiro.

Nepstad, D., McGrath, D., Shimada, J. and Stickler, C. (2013). Why is Amazon deforestation climbing? Commentary published November 17, 2013 at Mongabay.com [http://news.mongabay.com/2013/1116-nepstad-why-is-deforestation-climbing.html#rWTuF3OtEJC9XJ1V.99]

Nsouli, S., Rached, M. and Funke, N. (2002). The speed of adjustment and the sequencing of economic reforms: issues and guidelines for policymakers. *IMF Working Paper* 02/132. IMF, New York.

ONU (2013a). The Millennium Development Goals Report. *United Nations*, New York.

ONU (2013b). Inequality Matters. Report of the World Social Situation 2013. *United Nations*, New York.

Pacheco, P. (2012). *Actor and frontier types in the Brazilian Amazon: assessing interactions and outcomes associated with frontier expansion.* Geoforum 43 (4), 864-874.

Padoch, C., Brondizio, E., Costa, S., Pinedo-Vasquez, M., Sears, R. and Siqueira, A. (2008). Urban forest and rural cities: multi-sited households, consumption patterns, and forest resources in Amazonia. *Ecology and Society* 13(2): 2.

Pokorny, B. (2013). *Smallholders, forest management and rural development in the Amazon.* Earthscan Forest Library/Routledge, Oxon.

Pokorny, B., Scholz, I. and de Jong, W. (2013). REDD+ for the poor or the poor for REDD+? About the limitations of environmental policies in the Amazon and the potential of achieving environmental goals through pro-poor policies. *Ecology and Society* 18(2): 3

Shiva, V. & Singh, V. (2012). *Poisons in our food – links between pesticides and diseases.* Natraj Publishers, Dehra Dun.

Stella, S., Azevedo, A., Alencar, A. (2013). PRONAF na Amazônia: quais os desafios? *Boletim Amazônia em pauta*. IPAM, Brasília.

Sunderlin, W.D., Hatcher, J., Liddle, M., (2008). *From exclusion to ownership? Challenges and Opportunities in Advancing Forest Tenure Reform*. RRI, Washington, DC.

UNDP (2013). Human Development Report. *UNDP*, New York.

UNEP (2011). Towards a green economy: pathways to sustainable development and poverty eradication. *UNEP*, New York.

UNHR (2012). *OHCHR Report 2012*. UNHR- Office of the High Commissioner for Human Right, Geneva.

# CAMBIO CLIMÁTICO Y GÉNERO EN EL CONTEXTO DEL DESARROLLO SUSTENTABLE:
## REFLEXIONES CRÍTICAS PARA INTERPRETAR LOS NEXOS


Libertad Chavez-Rodriguez

CONACYT-CIESAS, Monterrey, México


*"Es utópico pretender que vivamos en un sistema que parece que no funciona si no crece a un 3% anual. Es utópico el modelo de crecimiento ilimitado porque es imposible."*

**Joaquín Araújo**

## Resumen


El artículo explora analíticamente los nexos entre cambio climático y género, resaltando la importancia de la consideración de los aspectos de género en diversos ámbitos relacionados con el cambio climático global en el contexto de los debates sobre el desarrollo sustentable. Entre dichos ámbitos se encuentran el acceso a los recursos, salud, migración, desastres relacionados con el cambio climático, conflictos sociales y participación en las negociaciones sobre cambio climático. Como conclusión se presentan algunas reflexiones para interpretar estos vínculos desde una perspectiva crítica.

**Palabras clave**: cambio climático, género, gender mainstreaming, vulnerabilidad social, desarrollo sustentable.


## Introducción

Los efectos del cambio climático global, como la modificación progresiva de las condiciones medioambientales, la pérdida de biodiversidad y los fenómenos meteorológicos extremos, tienen un impacto creciente tanto en los denominados países en vías de desarrollo como en los países industrializados. No obstante, es innegable la existencia de marcadas diferencias en dicho impacto tanto a nivel regional como entre diferentes niveles socioeconómicos. Así, los habitantes más pobres de los países pobres se encuentran especialmente amenazados y se espera que sean ellos los que sufran los mayores efectos del cambio climático. La notable feminización de la pobreza – se considera que alrededor del 70 por ciento de los seres humanos en situación de pobreza son mujeres (UNDP, 1995: 36) – y las inequidades de género prevalecientes, por ejemplo en relación al acceso a diversos recursos o a las oportunidades laborales, hacen necesario analizar detalladamente la relevancia de los aspectos de género frente al cambio climático.

El debate y la investigación sobre el cambio climático desde una perspectiva de género es incipiente y denota hasta ahora en su gran mayoría una falta de datos fundamentados empíricamente acerca de la influencia del género en la vulnerabilidad social frente al cambio climático. Los trabajos de investigación existentes incluyen tanto análisis empíricos como estudios de política pública. Los estudios de política pública tienen por lo general una orientación programática. En ellos se destaca la implementación exitosa de la perspectiva de género a través de actividades de lobby (Nelson, Meadows, Cannon, Morton, & Martin, 2002; Parikh & Denton, 2002; Skutsch, 2002, 2004b) y la creación de redes de cooperación, en particular mediante las actividades de redes internacionales tales como la *Global Gender and Climate Alliance* (GGCA) y *GenderCC – Women for Climate Justice*. El fortalecimiento del enfoque de género logrado a través de ello se extiende tanto a los procesos del Panel Intergubernamental de Expertos sobre Cambio Climático (IPCC por sus siglas en inglés) como base científica de las negociaciones climáticas, así como a las diversas negociaciones en materia de política climática a escala internacional, tales como las llamadas Conferencias de las Partes (COPs).

Trabajos sistemáticos sobre cambio climático y género, como los de Alyson Brody et al. (2008) y Emmeline Skinner (2011), han llegado a la conclusión de que las medidas de políticas climáticas, tanto las enfocadas a la mitigación como aquellas que buscan la adaptación al cambio climático, presentan una mayor efectividad y son más justas cuando se incluyen aspectos de género en términos formales y de contenido. También en los debates sobre desarrollo y desarrollo sustentable de las organizaciones internacionales es ampliamente aceptado que la consideración de los aspectos de género, o bien su falta de consideración, en relación con el cambio climático global tiene un alto impacto (UNDP, 2007). En este contexto, los avances en la equidad y la justicia de género son considerados como condiciones indispensables para el logro de los Objetivos de Desarrollo del Milenio, como fue constatado recientemente en las consultaciones internacionales de las Naciones Unidas en el marco de la Agenda para el Desarrollo Post-2015 y Rio+20 (IISD, 2013a: 11, 2013b: 3).

Las discusiones científicas sobre las estrategias para enfrentar el cambio climático y sobre los efectos del cambio climático desde la perspectiva de género, al igual que los debates sobre justicia climática y de género, representan puntos de referencia y líneas de discusión importantes para los procesos de incorporación de la perspectiva de género (*gender mainstreaming*) y las actividades de lobby respectivas (Röhr, Spitzner, Stiefel, & von Winterfeld, 2008; Terry, 2009). Tales debates han sido conducidos por la comunidad científica desde diversos ángulos, enfocando distintos nexos entre los aspectos de género y el cambio climático. Tomando como base el trabajo analítico de Skinner (2011) y Brody et al. (2008), a continuación se discuten en resumen los vínculos entre cambio climático y género, centrando la atención en los aspectos relacionados con los efectos del cambio climático global sobre las sociedades humanas. El objetivo es examinar la relevancia de los aspectos de género en el contexto del cambio climático y realizar algunas reflexiones críticas al respecto.

- **Escasez de recursos relacionada al cambio climático y género**

Una de las consecuencias más relevantes del cambio climático y la variabilidad climática globales es la disponibilidad cada vez más escasa de recursos vitales como agua, alimentos y energía (IPCC 2008). Los impactos de la creciente escasez de recursos en las relaciones de género se encuentra bien documentado (cf. Aboud 2011: 20ff., Terry, 2009). Estos se relacionan por un lado con la carga de trabajo creciente, intrafamiliar y no remunerado, para muchas mujeres, con una consecuente reducción de la disponibilidad de tiempo para realizar actividades laborales remuneradas. Restándoles además poco tiempo para la toma de decisiones importantes y para comprometerse con actividades públicas y comunitarias, por ejemplo la administración de recursos (Skinner, 2011: 26ff.). De acuerdo a Diana Liverman los cambios en los recursos de agua, suelo y bosques en los países en proceso de desarrollo tienen un mayor impacto en mujeres que en hombres, ya que tradicionalmente a ellas se les asignan frecuentemente responsabilidades relacionadas con tales recursos, como recolección de materiales para combustión (en especial madera), recolección de agua y actividades agrícolas (Liverman, 1990: 32).

Por otro lado las implicaciones de género tienen que ver con el acceso limitado de las mujeres a los recursos, cuyas causas están relacionadas con las condiciones de bajo ingreso, el aumento de la distancia a la fuente del recurso y la privatización de la provisión del mismo (Skinner, 2011: 26ff.). Por ejemplo en términos del suministro de agua:

> *"[M]any poor women access water from 'common property' such as rivers or lakes but the freedom to use these sources is being restricted as water becomes a scarce and, therefore, marketable commodity. The supply of water is being increasingly contracted out to private providers in developing countries, with user fees being charged and only those households which can afford it being able to connect to water mains. This has huge gender-specific implications, with women often unable to meet the charges or forced to borrow money to do so, since their activities may not generate an income"* (Bell, 2001, citado en Skinner, 2011: 29).

También en relación con el suministro de energía pueden observarse claramente aspectos de género:

Considerando la división del trabajo por género tanto de las tareas domésticas como de las actividades reproductivas en relación a la producción y preparación de alimentos, las mujeres son a menudo las principales usuarias de energía en los hogares. En caso de deficiencias o incluso ausencia de energía eléctrica – según el World Energy Outlook 2010 alrededor de 1.4 billones de personas en todo el mundo no tienen acceso a electricidad (IEA, 2010: 248) – las mujeres son especialmente afectadas por los roles de género tradicionales, sobre todo por la cantidad de tiempo que invierten para recopilar combustibles y por los efectos nocivos para la salud del uso de estufas de leña (Skinner, 2011: 28). En este contexto Skinner hace referencia a los aspectos de género del fenómeno de la 'pobreza energética'. En cuanto al cambio climático, éste se refiere a los cambios en la disponibilidad de fuentes de energía tradicionales – tales como madera, carbón vegetal, residuos agrícolas y estiércol, de los cuales dependen aproximadamente 2700 Millones de personas para cocinar y calentar la vivienda (IEA, 2010) – y las correspondientes alzas en los precios y los intereses de marketing relacionados. Ante la feminización de la pobreza, las mujeres se ven especialmente afectadas por este fenómeno (Skinner, 2011: 28).

Los vínculos entre alimentación y cambio climático se han investigado sobre todo en relación con la seguridad alimentaria (cf. p.ej. Appendini & Liverman, 1994). El cambio climático ya muestra impactos sobre la productividad de alimentos, sobre todo en regiones en donde los regímenes de lluvia se han vuelto cada vez más difíciles de predecir y las pérdidas de cosechas más frecuentes. Con ello incrementa el riesgo de escasez de alimentos a causa de la reducción de la productividad agrícola. Los impactos de género asociados resultan evidentes, puesto que la producción de alimentos (a pequeña escala) es realizada muy a menudo por mujeres en los países del llamado Sur global. Así, se calcula que el 70 por ciento de la producción agrícola en África es realizada por mujeres. Esto también significa que un aumento en la intensidad del trabajo en la producción agrícola puede conducir a una carga extra de trabajo para las mujeres. Asimismo debe tomarse en cuenta el acceso limitado de las mujeres a los medios de producción adicionales que son necesarios para ello. De acuerdo al análisis de Skinner las mujeres han sido mayormente afectadas por las malas cosechas, ya que raramente pueden apoyarse en inversiones de capital, tales como propiedad de la tierra o activos que respalden créditos, o estas son de poco valor en términos de mercado. Adicionalmente, es limitado su acceso a fuentes de ingreso alternativas u otras oportunidades para ganarse el sustento de vida (Skinner, 2011: 26).

### - Salud, cambio climático y género

En el ámbito de la salud se espera como consecuencia del cambio climático un incremento de las enfermedades transmitidas por el agua, de las tasas de desnutrición debido a escasez de alimentos, de las tasas de mortalidad y morbilidad en relación con olas de calor y de enfermedades respiratorias debido a la contaminación del aire, entre otras (Brody, et al., 2008: 3). Las desigualdades de género y la consecuente discriminación de las mujeres en el acceso a servicios de salud, y en general a otros recursos como educación e información, implica según Brody et al. (2008) una mayor exposición al riesgo de enfermedades a consecuencia del cambio climático. Por un lado debido a que cuentan con un acceso deficiente a los servicios médicos y medicamentos, y por otro a que sus posibilidades para financiar su atención médica en caso de enfermedad son restringidas. Además, existen barreras socioculturales que limitan a las mujeres en su movilidad y por lo tanto restringen sus opciones de atención médica (Brody et al., 2008: 3f.). La propensión a las enfermedades se incrementa aún más en períodos de embarazo y lactancia (Skinner, 2011: 31). Además de ello, la responsabilidad del cuidado de los enfermos y ancianos en los hogares que a menudo se asigna a las mujeres ha sido relacionada con un incremento en el riesgo de sufrir enfermedades a causa de estrés y agotamiento (Brody et al., 2008: 3; Nelson et al., 2002; Skinner, 2011: 31).

### - Migración, cambio climático y género

Los cálculos acerca del impacto potencial del cambio climático sobre los flujos migratorios y de refugiados difieren ampliamente entre sí y han sido por lo tanto muy controversiales. Las estimaciones más conservadoras asumen que para el año 2050 se verán desplazadas entre 150 y 200 millones de personas en forma permanente como resultado de los impactos del cambio climático (Stern, 2006). En contraste existen estimaciones alarmantes que calculan mil millones de refugiados climáticos para el 2050 (Aid, 2007).

La migración es un fenómeno social que frecuentemente ocurre asociado a un género en particular. Aunque se ha observado tanto migración masculina como femenina, sobre todo en zonas rurales, económicamente deprimidas, pueden constatarse impactos directos en las relaciones de género. La investigación en el área de migración y género ha demostrado que los movimientos migratorios y los cambios en las relaciones de género alentados por ellos pueden abrir posibilidades para el empoderamiento de las mujeres y para el logro de relaciones de género más equitativas. Así, los cambios relacionados con la migración pueden verse reflejados positivamente tanto en la división del trabajo por género como en la situación económica de los hogares encabezados por mujeres, por ejemplo a través de su propio empleo remunerado o bien de las remesas de familiares que han emigrado. La migración relacionada al cambio climático puede tener como consecuencia un fortalecimiento de las mujeres en términos del control de los recursos del hogar y la toma de decisiones. Sin embargo, la migración exclusivamente masculina puede significar también una multiplicación de las cargas de trabajo que confrontan las mujeres, ya que el trabajo familiar (suministro de recursos y cuidado de enfermos, niños y ancianos), y en dado caso además el trabajo remunerado, quedan bajo la responsabilidad exclusiva de las mujeres que se quedan (Skinner, 2011: 33). La situación de las mujeres se dificulta aún más por el frecuente acceso limitado a los sistemas de agua, a la tenencia de la tierra y a otros recursos financieros, técnicos y sociales. En particular este es el caso de mujeres que asumen la responsabilidad de las actividades agrícolas sin contar con derechos igualitarios sobre la tierra y la propiedad de bienes ni con acceso a los recursos requeridos para el mantenimiento de la productividad agrícola (Brody et al., 2008; Lambrou & Laub, 2004: 8; Skinner, 2011; UNEP, 2004).

- **Conflictos sociales, cambio climático y género**

Muchas investigaciones en ciencias sociales han estudiado los impactos de cambio climático en la seguridad regional, nacional e internacional. En general se espera un aumento del potencial de conflicto a todos los niveles, tanto en relación con cambios climáticos graduales como con fenómenos meteorológicos extremos (cf. p.ej. Hoffmann, 2007). Ulrike Röhr (2008) hace hincapié en aquellos conflictos que pueden surgir, no tanto directamente de la escasez de recursos, sino a causa de medidas de mitigación injustas y excluyentes. Lo cual es especialmente válido cuando la introducción de mecanismos de comercialización o privatización de bienes públicos basados en el mercado, priva de facto a las comunidades locales del derecho a los recursos naturales de los que dependen (Röhr, 2008).

También se han señalado consecuencias específicas del cambio climático sobre la situación de las mujeres, ya sea en términos generales (Wisner et al., 2007) o bien resaltándolos en forma explícita (Oswald Spring, 2008; Winterstein et al., 2008). Según Joni Seager y Betsy Hartmann (2005) las mujeres y niños/as representan la mayoría de la población desplazada por conflictos. Entre los aspectos de género relacionados a conflictos se encuentran también la doble carga de las mujeres que han huido de sus hogares, sin dejar de cumplir al mismo tiempo con sus roles tradicionales de género de suministro de alimentos y cuidado de niños/as, adultos/as mayores, enfermos y heridos. Además existen problemas específicos de género relacionados con la salud reproductiva y la violencia sexual que pueden conducir a embarazos no deseados. Otro asunto relacionado es la problemática de la situación legal de personas refugiadas (Seager & Hartmann, 2005: 49).

Mirando en retrospectiva las situaciones de conflicto en Latinoamérica Carolyn Moser y Fiona Clark (2001) enfatizan la necesidad de reconocer las experiencias de las mujeres, no solo en calidad de refugiadas y viudas de guerra, sino también propiamente como activistas, a fin de considerar apropiadamente sus necesidades psicológicas y materiales específicas. Un resultado del taller *Latin American Experiences of Gender, Conflict, and Building Sustainable Peace* (2000 en Bogotá, Colombia) es que las mujeres han sido la clave para la reconstrucción de la paz en muchas regiones en conflicto. Sin embargo, éstas han sido excluidas en gran medida tanto de las negociaciones formales para la paz como de los esfuerzos de reconstrucción después del conflicto (Moser & Clark, 2001, citado en Seager & Hartmann, 2005: 20, 73f.).

### - **Política climática y género**

La participación de las mujeres en los procesos de planeación y toma de decisiones relativas a las medidas de protección del clima puede incrementar la efectividad de las medidas para enfrentar el cambio climático, entre otras cosas mediante la inclusión de sus propios intereses y la aportación sus puntos de vista acerca de las estrategias relacionadas al cambio climático, y en general respecto al desarrollo sustentable de la sociedad en términos ambientales y sociales. Desde la perspectiva de la justicia de género, la participación equitativa en términos de género y la presencia formal de las mujeres en la política climática en todos los niveles políticos juegan también un papel central, particularmente en las negociaciones internacionales sobre cambio climático (Röhr et al., 2008; Skutsch, 2002).

Por otra parte, se han estudiado cuestiones de género de las políticas y estrategias de adaptación y mitigación del cambio climático. A este respecto cabe resaltar los trabajos de Cárdenas (2003), Röhr et al. (2005) y Skutsch (2004a) sobre impactos de género diferenciados de los instrumentos del Protocolo de Kyoto. En ellos se investiga cómo influyen los esquemas de comercio de emisiones de carbono y los instrumentos con base en proyectos específicos como *Joint Implementation* (JI) y *Clean Development Mechanism* (CDM) tanto en las condiciones de vida de hombres y mujeres como en las relaciones de género. Asimismo, se busca identificar posibles diferencias de género en la aceptación de instrumentos de protección del clima y desarrollar mecanismos para lograr un acceso con equidad de género a tecnologías relacionadas con estrategias de mitigación. Los resultados apuntan a la no neutralidad de las políticas y proyectos frente al cambio climático y enfatizan el peligro de reforzar aún más las desigualdades de género existentes o bien de propiciar su surgimiento si no se consideran sus impactos de género (GIZ, 2011; Nelson et al., 2002).

- **Desastres relacionados al cambio climático y género**

La gran mayoría de los estudios empírico-analíticos sobre cambio climático y género se han desarrollado en el ámbito de la investigación sobre desastres a consecuencia de fenómenos meteorológicos extremos y se han enfocado particularmente en desastres ocurridos en países en vías de desarrollo. Investigaciones empíricas con perspectiva de género han observado impactos de género diferenciados de desastres causados por fenómenos meteorológicos extremos (cf. Aboud, 2011). Un resultado central es que las probabilidades de supervivencia de las mujeres son más bajas que las de hombres (cf. Neumayer & Plümper, 2007). Por ejemplo, en las inundaciones de 1991 en Bangladesh fue registrada una mortalidad femenina de 3 a 5 veces mayor que la mortalidad masculina (Aguilar, 2004). Además, sobre todo debido a los roles de género relacionados con la socialización basada en el género, se ha encontrado un impacto mayor o bien una mayor susceptibilidad entre las mujeres sobrevivientes de desastres en comparación a los hombres en diferentes ámbitos: las mujeres experimentan un deterioro mayor de sus condiciones de salud, un incremento en las cargas de trabajo y una mayor vulnerabilidad económica; también es frecuente su discriminación en el acceso a fuentes de compensación de daños y ayuda para la reconstrucción, ya sea por cuestiones de socialización o por fallas institucionales; además se ha constatado un incremento en el riesgo de las mujeres de sufrir experiencias de violencia sexual basada en el género (Enarson, 2007; Mehta, 2007; Wamukonya & Rukato, 2001).

## Conclusión

Algunos resultados de investigación del área de estudios de género y de la mujer permiten realizar una reflexión crítica acerca de los vínculos que han sido establecidos entre el cambio climático y las cuestiones de género. Los siguientes aspectos pueden considerarse como puntos de referencia críticos para interpretar los nexos expuestos anteriormente:

En primer lugar, las cuestiones relativas al papel de las mujeres como víctimas o como agentes han sido ampliamente discutidas tanto en la investigación sobre desastres con perspectiva de género como en el campo más general de 'género y medio ambiente' (Arora-Jonsson, 2011). Se ha señalado la urgente necesidad de un cambio en la perspectiva sobre el papel de las mujeres, especialmente en situaciones de desastre: de un rol de víctimas – una perspectiva adoptada ampliamente por organizaciones humanitarias y medios masivos de comunicación – a un rol de agentes de cambio. Esto implica su inclusión como actores políticos y sociales importantes en todos los niveles, así como el reconocimiento de sus recursos y potenciales para hacer frente a los desastres y en general a las consecuencias del cambio climático en su conjunto. Sherryl Kleinman ofrece una solución alternativa al problema de 'agencia o victimización', recalcando que no es necesario decidirse por uno de los dos roles – como víctimas o como agentes – sino que es posible pensar en la coexistencia de ambos (Kleinman, 2007). Es decir, no es necesario negar las desventajas estructurales de género existentes ni las consecuencias opresoras del *Doing Gender* (en forma de sus deseos, creencias, comportamientos y aportaciones) para considerarlas como agentes de cambio. Puesto que la agencia depende más bien de los cursos de acción que toman las personas, y no de si estos están presentes o no. Ya que de hecho siempre existe una opción para la agencia, es más pertinente analizar las restricciones, limitaciones y presiones sociales que enfrentan las mujeres y los hombres en una determinada situación: qué piensan, sienten y hacen; dónde y cómo accionan e interactúan espacial y temporalmente; y de qué forma contribuyen estas interacciones a mantener o bien a desafiar las relaciones de género inequitativas e injustas (Arora-Jonsson, 2011; Kleinman, 2007).

Por otra parte, el análisis de los nexos entre el cambio climático y los aspectos de género, y en particular de los nexos entre desastres y género, se ha centrado particularmente en el análisis de la situación y el papel de las mujeres. En raras ocasiones se ha incluido el estudio sistemático de los impactos específicos sobre los hombres, o solo son anotados al margen. Esto contribuye a la normalización y reproducción de la imagen de las mujeres adultas y adolescentes como víctimas de desastres, mientras que el rol, la situación y los problemas de los hombres permanecen en gran medida invisibles. Además, la concentración en las mujeres hace que se pierdan de vista los aspectos relativos al poder y las relaciones de género (cf. Becker-Schmidt, 2010: 69f.). Por ello, es necesario investigar también el papel de los hombres, destacando el aspecto relacional del género. Es decir, centrando la atención en las relaciones de género que se pretenden replantear y reconfigurar (Becker-Schmidt, 2010; Katz, 2006).

También es cuestionable la consideración de 'las mujeres' y 'los hombres' como un todo en su conjunto. Considerando que las mujeres y los hombres no constituyen grupos homogéneos, es inminente la necesidad de hacer una diferenciación de la vulnerabilidad social que presentan diferentes mujeres y diferentes hombres para ponderar la relevancia de los vínculos entre el cambio climático y los aspectos de género. Tales diferencias pueden atribuirse en su mayoría a las relaciones de poder existentes, mediante las cuales tiene lugar la discriminación y desventaja sistemática, aunque diferenciada, de las mujeres en términos socio-económicos, legales y políticos (Enarson, 2007; Enarson & Meyreles, 2003). A través del concepto de interseccionalidad del género con otras variables socioeconómicas – es decir, la interdependencia del género respecto a otros indicadores de desigualdad o diferencia, tales como el ingreso, la edad, el origen étnico, la nacionalidad, las condiciones de dis/capacidad mental y física, diferentes formas de organización familiar, etc. (cf. Walgenbach, 2007) – es posible realizar un análisis diferenciado de la vulnerabilidad social frente a los efectos del cambio climático, que permita desarrollar estrategias para aminorar y aliviar las problemáticas específicas de grupos sociales altamente vulnerables (cf. Chavez-Rodriguez, 2014).

Por último, es necesario agudizar la mirada en relación a las complejas interrelaciones existentes entre equidad de género, pobreza y desarrollo en las cuestiones de justicia climática y de género (cf. Kelman, 2010, WBGU, 2005). Lo anterior debe ir más allá de la consideración de la equidad de género en relación a la redistribución de los recursos, en el sentido del reconocimiento de diferencias de género en términos de conocimientos, habilidades y perspectivas de solución ante el cambio climático (Röhr et al., 2008). Igualmente, la consecución de patrones de desarrollo sustentable hace inminentemente necesaria la inclusión de la perspectiva de los derechos humanos en materia de justicia climática y de género (cf. Rathgeber, 2009; Schuemer-Cross & Taylor, 2009; Terry, 2009).

**Referencias**


Aboud, G. (2011). Gender and Climate Change Cutting Edge Pack – Supporting Resources Collection. Sussex, UK: Institute of Development Studies.

Aguilar, L. (2004). Climate Change and Disaster Mitigation: Gender Makes the Difference. Online: http://www.fire.uni-freiburg.de/Manag/gender%20docs/DRR-Climate-Change-Gender-IUCN-2009.pdf

Appendini, K., & Liverman, D. (1994). Agricultural policy, climate change and food security in Mexico. *Food Policy, 19*(2), 149-164.

Arora-Jonsson, S. (2011). Virtue and vulnerability: Discourses on women, gender and climate change. *Global Environmental Change, Special Issue on The Politics and Policy of Carbon Capture and Storage, 21*(2), 744-751. doi: DOI: 10.1016/j.gloenvcha.2011.01.005.

Becker-Schmidt, R. (2010). Doppelte Vergesellschaftung von Frauen: Divergenzen und Brückenschläge zwischen Privat- und Erwerbsleben. In R. Becker & B. Kortendiek (Eds.), *Handbuch Frauen- und Geschlechterforschung: Theorie, Methoden, Empirie* (pp. 65-74). Wiesbaden: VS Verlag für Sozialwissenschaften / GWV Fachverlage GmbH.

Bell, E. (2001). Water for Production: an overview of the main issues and collection of supporting resources. Brighton: BRIDGE, IDS.

Bodenmann, T. (2008). What does it mean to claim that "humans cause global warming"? A philosophical analysis of causal claims in the IPCC's arguments for anthropogenic global warming. *GAIA – Ecological Perspectives for Science and Society, 17*(2), 205-212.

Brody, A., Demetriades, J., & Esplen, E. (2008). Gender and climate change: mapping the linkages. A scoping study on knowledge and gaps. Brighton: Prepared for the UK Department for International Development by BRIDGE, Institute of Development Studies (IDS).

Cardenas, A. (2003). *Life as Commerce: The impact of market-based conservation mechanisms on women.* Global Forest Coalition, Paraguay.

Chavez-Rodriguez, L. (2014). *Klimawandel und Gender: Zur Bedeutung von Intersektionalität für die soziale Vulnerabilität in überflutungsgefährdeten Gebieten.* Opladen, Berlin, Toronto: Budrich UniPress.

Chávez Rodríguez, L. (2010). Gender-biased Social Vulnerability on Disasters and the Importance of Intersectionality. In S. S. Dasgupta, Ismail; Sarathi De, Partha (Ed.), *Women's Encounter with Disaster.* Kolkata: Front Page Publications.

ChristianAid. (2007). Human Tide: The Real Migration Crisis. UK: Christian Aid.

Enarson, E. (2007). Gender Matters. Talking Points on Gender Equality and Disaster Risk Reduction. Online: http://www.gdnonline.org/resources/gender_matters_talking_points_ee_march2007.d

Enarson, E., & Meyreles, L. (2003). *International Perspectives on Gender and Disaster: Differences and Possibilities.* Paper presented at the 6th European Sociological Association Conference, Murcia, Spanien.
Online: http://www.erc.gr/English/d&scrn/murcia-papers/session2/Enarson_Meyreles_II_Original.pdf

GIZ (2011). Gender & Climate Change: Gender Experiences from Climate-Related GIZ Projects, Factsheet 4. Online: http://www2.gtz.de/dokumente/bib-2011/giz2011-0131en-gender-climate-change.pdf

Grunwald, A. (2010). Wider die Privatisierung der Nachhaltigkeit – Warum ökologisch korrekter Konsum die Umwelt nicht retten kann. Against Privatisation of Sustainability – Why Consuming Ecologically Correct Products Will Not Save the Environment. *GAIA – Ecological Perspectives for Science and Society, 19*(3), 178-182.

Hoffmann, K. (2007). Globale Migration. Sicherheitsrisiko: Klimabedingte Umwelt-migration.
Online: http://www.migration-boell.de/web/migration/46_1212.asp

IEA (2010). World Energy Outlook 2010. Paris: International Energie Agency.

IISD (2013a). Síntesis del Foro del Caribe y la Conferencia sobre Desarrollo Sostenible en America Latina y el Caribe: seguimiento de la Agenda para el Desarrollo Post-2015 y Río+20: 5 al 9 de Marzo de 2013. *Boletín de Negociaciones de la Tierra. Instituto Internacional para el Desarrollo Sostenible (IISD), 5*(306).
Online: http://www.iisd.ca/download/pdf/enb05306s.pdf

IISD (2013b). Summary of the Post-2015 Development Agenda Consultation on Conflict, Violence and Disaster. *Post-2015 Development Agenda Bulletin, 208*(5). Online: http://www.iisd.ca/download/pdf/sd/crsvol208num5e.pdf

IPCC (2008). Working Group II: Impacts, adaptation and vulnerability
Retrieved 04.08.2008, from http://www.ipcc-wg2.org/

Katz, C. (2006). Gender und Nachhaltigkeit: neue Forschungsperspektiven. *GAIA – Ecological Perspectives for Science and Society, 15*(3), 206-214.

Kelman, I. (2010). Introduction to climate, disasters and international development. *Journal of International Development, 22*(2), 208-217. doi: 10.1002/jid.1674

Kleinman, S. (2007). *Feminist Fieldwork Analysis. Qualitative Research Methods Series.* London: SAGE.

Lambrou, Y., & Laub, R. (2004). Gender Perspectives on the Conventions on Biodiversity, Climate Change and Desertification (F. G. a. P. D. Gender and Development Service, Trans.): FAO.

Liverman, D. M. (1990). Vulnerability to Global Environmental Change. In R. E. e. a. Kasperson (Ed.), *Understanding Global Environmental Change.* Worcester, MA: Center for Technology, Environment, and Development, Clark University.

Mehta, M. (2007). Gender Matters. Lessons for Disaster Risk Reduction in South Asia. Kathmandu, Nepal: ICIMOD.

Moser, C. O. N., & Clark, F. (2001). Gender, Conflict and Building Sustainable Peace: recent lessons from Latin America. *Gender and Development, 9*(3), 29-38.

Nelson, V., Meadows, K., Cannon, T., Morton, J., & Martin, A. (2002). Uncertain predictions, invisible impacts, and the need to mainstream gender in climate change adaptations. *Gender and Development, 10*(2), 51-59.

Neumayer, E., & Plümper, T. (2007). The Gendered Nature of Natural Disasters: The Impact of Catastrophic Events on the Gender Gap in Life Expectancy, 1981-2002. *Annals of the American Association of Geographers, 97*(3), 551-566.

Oswald Spring, Ú. (2008). Gender and Disasters. Human, Gender and Environmental Security: a HUGE Challenge. In UNU-EHS (Ed.), (pp. 56). Bonn: UNU-EHS, Münich Re Foundation.

Parikh, J., & Denton, F. (2002). *Is the Gender Dimension of the Climate Debate Forgotten? Engendering the Climate Debate: Vulnerability, Adaptation, Mitigation and Financial Mechanisms.* Paper presented at the Gender and Climate Change Event at COP8, New Dehli. Online: http://www.energia.org/pubs/papers/cop8_gender.pdf

Rathgeber, T. (2009) Klimawandel verletzt Menschenrechte. Über die Voraussetzungen einer gerechten Klimapolitik. *Schriftenreihe zur Ökologie: Vol. 6.* Berlin: Heinrich Böll Stiftung.

Röhr, U. (2008). Gender Aspects of Climate-Induced Conflicts *Environment, Conflict and Cooperation: Special Edition Newsletter on 'Gender, Environment, Conflict'.*
Online: http://www.ecc-platform.org/images/stories/newsletter/eccgender07.pdf

Röhr, U., Spitzner, M., Stiefel, E., & von Winterfeld, U. (2008). Gender Justice as the basis for sustainable climate policies. A feminist background paper. Bonn: Genanet – focal point Gender, Environment, Sustainability, German NGO Forum on Environment and Development.

Röhr, U., Schulz, I., Seltmann, G., & Stiess, I. (2005). Die Einführung von Emissions-handelssystemen als sozial-ökologischer Transformationsprozess. Klimapolitik und Gender. Eine Sondierung möglicher Gender Impacts des Europäischen Emissions-handelssystems *Jet-Set Arbeitspapier.* Wuppertal: ISOE Institut für sozial-ökologische Forschung.

Schuemer-Cross, T., & Taylor, B. H. (2009). The Right to Survive. The humanitarian challenge for the twenty-first century. Oxford: Oxfam.

Seager, J., & Hartmann, B. (2005). Mainstreaming Gender in Environmental Assessment and Early Warning. Nairobi: UNEP.

Skinner, E. (2011). Gender and Climate Change: Overview Report. Sussex, UK: Institute of Development Studies.

Skutsch, M. (2002). Protocols, treaties and action: the 'climate change process' viewed through gender spectacles. *Gender and Development, 10*(2), 30-39.

Skutsch, M. (2004a). CDM and LULUCF: What's in it for women? A note for the Gender and Climate Change Network. Online:
http://www.gencc.interconnection.org/skutsch2004.pdf

Skutsch, M. (2004b). *Mainstreaming Gender into the Climate Change Regime.* Paper presented at the 10. COP, Buenos Aires. Online:
http://www.genanet.de/fileadmin/downloads/Stellungnahmen_verschiedene_en/Gender _and_climate_ change_COP10.pdf

Stern, N. (2006). Stern Review on the Economics of Climate Change. Cambridge: HM Treasury.

Terry, G. (Ed.). (2009). *Climate Change and Gender Justice*. Oxford: Oxfam GB.

UNDP (2007). Fighting climate change: Human solidarity in a divided world *Human Development Report 2007-2008*: United Nations Development Programm.

UNEP (2004). *Women and the Environment*. Nairobi, Kenya: United Nations Environmental Programme.

UNDP (1995). Human Development Report 1995. Gender and Human Development. New York: United Nations Development Programm.

Walgenbach, K. (2007). Gender als interdependente Kategorie. In K. Walgenbach (Ed.), *Gender als interdependente Kategorie: neue Perspektiven auf Intersektionalität, Diversität und Heterogenität* (pp. 22-64). Opladen: Budrich.

Wamukonya, N., & Rukato, H. (2001). Climate Change implications for Southern Africa: a gendered perspective (pp. 115-124): Southern African Gender and Energy Network.

WBGU (2005). Welt im Wandel: Armutsbekämpfung durch Umweltpolitik. Wissenschaftlicher Beirat der Bundesregierung Globale Umweltveränderungen. Berlin: Springer.

Weller, I. (2012). Klimawandel, Konsum und Gender. In G. Çağlar, M. d. M. Castro Varela & H. Schwenken (Eds.), *Geschlecht – Macht – Klima: feministische Perspektiven auf Klima, gesellschaftliche Naturverhältnisse und Gerechtig-keit* (pp. 177-190). Opladen: Budrich.

West, C., & Zimmerman, D. H. (1987). Doing Gender. *Gender & Society, 1*(1), 124-151.

Winterstein, J., Feil, M., Roettger, C., Kramer, A., Carius, A., Taenzler, D., (2008). Environment, Conflict and Cooperation: Special Edition Newsletter on 'Gender, Environment, Conflict'. Adelphi Research.

Wisner, B., Fordham, M., Kelman, I., Johnston, B. R., Simon, D., Lavell, A. (2007). Cambio Climático y Seguridad Humana: La Red, Red de estudios sociales en Prevención de Desastres en America Latina.